20-30岁，让自己活得无所畏惧

蔡践 著

成都时代出版社
CHENGDU TIMES PRESS

图书在版编目（CIP）数据

20–30岁，让自己活得无所畏惧 / 蔡践著 .-- 成都：成都时代出版社，2019. 4

ISBN 978-7-5464-2349-4

Ⅰ. ①2… Ⅱ. ①蔡… Ⅲ. ①成功心理—青年读物 Ⅳ. ①B848.4-49

中国版本图书馆CIP数据核字（2019）第038638号

20–30岁，让自己活得无所畏惧

20–30SUI, RANGZIJIHUODEWUSUOWEIJU

蔡践　著

出品人	李文凯
责任编辑	李　林
责任校对	樊思岐
装帧设计	胡　振
责任印制	李茜蕾
出版发行	成都时代出版社
电　　话	（028）86618667（编辑部） （028）86615250（发行部）
网　　址	www.chengdusd.com
印　　刷	三河市祥达印刷包装有限公司
规　　格	880mm × 1230mm　1 / 32
印　　张	6
字　　数	200千字
版　　次	2019年4月第1版
印　　次	2019年4月第1次印刷
印　　数	1–8000
书　　号	ISBN 978-7-5464-2349-4
定　　价	39.80元

序

● ● ●

参加工作之后，各种同学会我也参加过一些，总感觉同学会多半变成了生意场、酒会，成了一部分“成功人士、年轻才俊”的个人秀；还有一些同学会俨然成了鸡汤会，听得最多的是：如果青春可以重来，我会怎样怎样……

人生没有假设，事实无从改变，当下20–30岁的年轻人，与其让青春在明天空留余恨，不如抓住今天，给自己一个无所畏惧、勇往直前的人生。20–30岁的人们不能空怀梦想，而是要无畏地走在路上，大好的青春年华，如不去追寻，不去尝试，不去冒险，不去旅行，就辜负了“年轻”这个词。年轻让我们无所畏惧，年轻让我们做事不瞻前顾后，因为年轻，所以勇敢；因为年轻，必须勇敢。

前两年，《致青春》热播，那句经典台词“青春，就是用来怀念的！”给人印象深刻，是的，我们每一个人都有着自己的青春梦想，青春不拼，怀念什么？很多电视台也在打造一些青春无畏、梦想舞台之类的节目，旨在引导年轻一代给青春留下难忘记忆，青春易逝，青春就应该精彩绽放，就应该奋斗拼搏，不留下遗憾。

20–30 岁的人，年富力强、活力无穷，充满朝气，我们理应给美妙的青春谱一曲赞歌，让生活的列车在赞歌里欢快前进，而不是等人到中年后，在那流年逝去的岁月里追忆叹息，悔恨自己的青春没有波澜壮阔，20–30 岁之时没有奋勇去追梦。

不曾努力的青春，是虚度；未曾拼搏的岁月，是浪费！20–30 岁的我们韶华正当，何不拼搏，让自己的人生无所畏惧？

目　录 | Contents

第一章

青春就是用来奋斗的，你到底害怕什么

奋斗的青春，不会被辜负 / 2

问 20–30 岁的自己，谁的青春不疯狂 / 8

青春无敌，赢在活出自己 / 12

与其被动等待，不如学会在雨中起舞 / 17

当缺陷与不足成为动力，你就选择了成长 / 22

为了明天的成功，从今天开始奋斗 / 27

| 第二章

你若不勇敢，没有人能替你坚强

致 20–30 岁的你：恐惧与压力，只是阴雨的天气 / 32

一次痛的感悟：痛才是历练，苦才是人生 / 39

能带你走出绝境的只有自己 / 43

那些年的羞辱与痛苦，都是今天生活的养分 / 49

和命运死磕到底，就算明天遍体鳞伤 / 55

| 第三章

要让未来的你，不讨厌现在的自己

不服输，就有赢到最后的希望 / 62

你现在的格局决定未来的结局 / 69

掌控的是手机，失控的是人生 / 74

年轻人，别让贫穷思维限制了你 / 81

不要让拖延成为你前进路上的障碍 / 87

不忘初心，你想要的世界终将给你 / 95

| 第四章

退路，是留给失败者的借口

让自己的人生没有退路，拼吧 / 100

习惯性逃避只能把自己带向平庸 / 107

差不多，是对自己的人生没有原则的宠溺 / 112

无惧无畏，就是要让你的人生退无可退 / 119

放手一搏，在放手之时成就新的人生搏击格局 / 124

成功与优秀都是被逼出来的 / 128

| 第五章

每一个不曾起舞的日子，都是对生命的辜负

只有足够努力，才能蜕变转身 / 134

记住：要么出众，要么出局 / 139

人生是条单行线，你只能一路前行 / 145

努力是最好的天赋，世界不会亏欠每一个努力的人 / 149

第六章

致我们无所畏惧的青春：你的坚持，终将美好

今天的坚持，只为明天的美好 / 158

之于倔强的生命，坚持从来都不是问题 / 165

把你的人生朝一个方向聚焦 / 169

让明天的你可以庆幸自己当年的坚持 / 175

唯有坚持，才能完成人生的跨越，成就明天的美好 / 179

第一章

青春就是用来奋斗的，你到底害怕什么

无悔的青春，是坚强拼搏的季节；遗憾的喟叹，是岁月荒芜空耗的碎片。

奋斗的青春，不会被辜负

青春，人生中的美妙岁月，黄金年华，交织着风华正茂的倜傥，春风舒展的情怀，它定格多少激情澎湃的回忆，又留下多少扼腕遗憾的叹息。时间的年轮，在春花秋月中转动得很快。蓦然回首，那曾经的青葱岁月已悄然溜走，留下我对青春岁月的一片回望。眼下，更深地领悟到“及时当勉励，岁月不待人”的潜藏深意。

记得前人蒋捷的诗句“少年听雨歌楼上，壮年听雨客舟中，暮年听雨僧庐下”，一段段历程的拐弯与转换，让我看到一个人由青春年少到迟暮变老，并在时光变幻的轨迹中，感怀和追忆着一幕幕蒙蒙烟云的过往人生。不由地让我对青春的色彩又多了一层更深的拷问与思索。

青春是美好的，青春是闪光的，青春溢满了活力，让人豪情壮怀，但又最容易在稚嫩的遐想和沉醉中溜走这美好的年华。

我很赞同“理想很丰满，现实很骨感”这句话。世界何其残酷，成长必须历练。要使梦想起飞，不是嘴上说说、口中念念，而要明白，在青春的时光中需要奋斗进取、提升自我，否则，我们终将留下喟叹且被这个世界抛弃，而不是被这个世界温柔相待。

曾认识一位比较成功的房地产商朋友，听他讲过早年来北京的一些经历：当过餐厅服务员、天桥上摆过地摊、做过电话卡销售、发过售楼传单……还曾穿着那种毛茸茸的人偶衣服，在大街上，在人来人往的商场里又摇又摆，一站就是一天。

他说，酷热的夏天，厚厚的衣服里，身上早就捂出了一身痱子，挠破的地方被汗水一浸，钻心的疼，即便如此，见了小朋友，还要嘟嘟嘴卖卖萌，摆摆手扭扭身子，和他们互动合影。

“一天将近300块钱呢！虽然热得出痱子，但拿到钱的那一刻，还是满心欢喜。”他说，“为了生存和圆梦，苦和累都变得不那么重要了。”

“没想到，你的成功也这么不容易。”听了他的经历，大家不禁感叹。

“嗨！年轻嘛，不奋斗哪成？”他笑着说，“还好都过来啦，现在虽然说不上大富大贵，但至少也拥有比较不错的生活和事业了。”

这话虽然说得云淡风轻，但奋斗的过程必定鲜血淋漓。好在曾经的不易，都换来了今天的笑容与回忆……

“盛年不重来，一日难再晨。及时当勉励，岁月不待人。”应该说，二三十岁的年纪正是用来奋斗的好年华。如果不拼搏、不奋斗，只想在阳光的幻影中朦胧地度过，实在可惜，也势必会留下莫名的遗憾。

不妨利用二三十岁的大好青春不断折腾，不断尝试，不断探索，在蜿蜒的路上崎岖前行，越过一道山，翻过一道岭，颠簸过一段荆棘的路程后，一定会迎来开阔，相信最终会赢得属于自己的喜悦与精彩。

“这小子简直运气爆棚，到哪都顺风顺水。老天爷罩着的人，下雨都淋不到，要不怎么说一个人有一个人的命啊！”一提到顾伟，就有人会这样说。

一次闲聊，我把这些话讲给他听。

“真像他们说的那样简单就好了，如果可以，我愿活在他们的评论里，这样多幸福。”顾伟笑着问我，“只凭运气的垂青就可以成功，你觉得这有可能吗？”

是啊，运气绝不是成功的首要条件，如果真要牵强附会地说有，也只能说运气偏爱努力奋斗的人。

顾伟小时候的生活特别艰苦，父母都是脸朝黄土背朝天的农民，家中还有几个兄弟姐妹。当时，一大家子人全挤在一间低矮破旧的房子里面。遇到下雨天，房子外面下大雨，屋里就会下小雨，外面雨停了，屋里的雨还依然下个不停。那时，顾伟没有别的想法，只是暗暗给自己定下了人生的第一个目标：长大后，一定要给父母买一套不漏雨的房子。

读书的时候，放学后他要帮着爸妈打猪草、侍弄菜园，直忙到天黑透了才能坐在昏暗的灯前写作业。即便如此，他的成绩也照样名列前茅。

“他就是脑瓜灵活，即使不学习成绩也很好。”有同学这样形容他。

“不学习成绩怎么个好法？谁有这本领我也学习学习去”，顾伟听到这样的话大吃一惊，“我上课时一点也不敢分心，老师在课堂上讲的重点内容我想方设法都背下来，别人用来休息的时间我就用来预习和复习，真要是脑瓜灵我何必如此辛苦？”

当年，他拿到大学录取通知书的那天，她的妈妈对着录取通知书悲悯哭泣，原因是家里没钱供他上大学，说对不住自己的儿子。

“天无绝人之路，我相信努努力总能有办法的。”村子里的人都说，这孩子成熟得太早了，他的脸上有着和年龄不相符的坚强。

没有学费，他就找亲朋借钱，再把借来的钱一笔笔记在本子上，整个大学期间就靠勤工俭学来供自己的生活开支和还债。

大学毕业后，勤奋上进的他顺利地参加了工作。公司里，最不缺的就是懒懒散散、敷衍了事的同事，看到顾伟勤勤恳恳、兢兢业业，有人对他的努力和认真不屑一顾，甚至还"好心"提醒他"不要那么认真，帮别人挣钱过得去就行了嘛"。

顾伟这个人，向来对自己要求严格，力求把工作做得尽善尽美。别人不愿意干的活儿他做，别人不愿意陪的客户他陪，别人不愿意拿的单子他拿，别人不愿意出的差他说走就走……他的工作得到了充分认可，其局面打开后，公司高层很快就把他调到重要部门任职，并在培养和磨砺中加以提升。

在我们眼里，他就是平步青云的代名词，当然，他也实现了当年的理想，不仅为父母盖了村子里最漂亮的房子，也改善了家里的生活状况。

"哪有毫不费力的漂亮，只不过是背后的十分努力。我骄傲，这些年我一刻也没有停止过奋斗。"

事实是，他已经将奋斗变成了一种习惯。

他曾多次这样说："不和别人比，只和自己比，每一件事情都力争做到最好，确保每一天都不被辜负。今天比昨天更好，今年比去年更好，这就够了。"

是的，哪有毫不费力的精彩，只不过是背后的耕耘努力。青春是用来奋斗的，不是用来辜负的，没有努力过的青春终究会空留余恨，相信有一天，那段奋斗过的无所畏惧的青春才会让我们的人生印记历久弥新。

问20-30岁的自己，谁的青春不疯狂

“你们听说了吗？云飞现在可是《国家地理》的签约摄影师呢！”

“呀，这小子还真成气候了！”

“我听说《国家地理》杂志的门槛可高啦！那可是来自世界各地的摄影新闻记者们梦想着发布自己照片的地方啊！这小子真有这本事？”

……

同学聚会上，大家说起云飞的近况，一个个瞠目结舌，纷纷表示难以置信。

“千真万确，不信你看。这杂志上的照片下方不还有云飞的名字吗？看看，都看看……”

杂志在大家手里传来传去，可不是吗？云飞的名字就那么赫然地闪亮我们的双眼。

“当初还真小看了这家伙。”有人一拍脑袋说道。

“这家伙，靠谱，够疯狂。”紧挨着我的哥们儿拍案而起，豪气干云地端起一杯酒，“来，我们为云飞的新事业干杯！”

推杯换盏间，每个人都思绪万千。

说实话，这个消息大家一早就知道了。云飞努力的脚步我很清楚。在我们看来，假如上天要眷顾某人，一定是因为他有与众不同之处。毫无疑问，云飞就是这样的人。

云飞学的中文。有一天他忽然告诉宿舍的人说想要当一名摄影师，而且还要做优秀的摄影师。当时，大家不以为意，只觉得他不过是一时心血来潮，随便过过嘴瘾罢了，谁也没当回事。

从他说过那句话后，明显感到他越来越忙了，忙到大家每次的聚会他都很少参加。寒假的时候，听说他去了北京。他向往北京大家都是知道的。他曾说，有时间一定要去看看北京气派宏伟的天安门，要去故宫看看皇帝们住过的地方，还有那高耸雄伟、气势磅礴的莽莽长城……

敢情这小子是实现心愿去了。

又一年暑假，宿舍的人有的回老家，有的留校学习。云飞则去了一家婚纱摄影机构给人免费做助理，记得当时我们都以为他脑子肯定坏了；还有人说，这家伙是看我们都俪影双双的，他给自己找个去处免得尴尬；说这年头哪里还有白白干活的，活该他单身狗……

实际上，他是想在影楼里多学点有关摄影的知识，并不看重金钱。

整个大学期间，云飞只要有空，不是扛着从二手市场买来的摄影器材到处跑，就是在宿舍里奋笔疾书。到了大三，云飞几乎掌握了户外摄影的全部技术。

“有朝一日，我也要像徐霞客一样青史留名。”云飞开玩笑地说。

大学毕业前，我们都为工作的事情焦头烂额、心急如焚，每天不是疯了般地发简历就是满满当当的面试。就在我们手忙脚乱、像无头苍蝇乱撞的时候，他却一字一顿地告诉我们：我不要工作，我要徒！步！走！遍！中！国！

“云飞，你好好睡会儿吧！我看你是太累了。”室友阿坚还伸手摸摸他的脑袋，确定他没有发烧。

“年轻人，现实点吧！不好好工作，读大学干什么呢？”室友明仔装作很老成的样子拍拍他的肩。

“你可要想好了，走遍中国哪那么容易，而且还徒步？”大家虽然对言出必行的他所做的决定不感到奇怪，但难免有所担忧。

“这大把的青春，不疯狂点，老了就来不及了。”他憨厚地一笑。

就这样，云飞在我们惊诧、不被看好的状态中义无反顾地出发了。那时的通讯不像现在这么发达，和他的联系也就慢慢地断了。

后来，当大家再次联系上时，有的同学时不时可以收到一些他寄赠的摄影作品：

要么小桥流水江南水乡，要么大漠孤烟北国风光……

直到今天，云飞的成就有目共睹，大家才佩服不已。前不久，还听说他的新书《四方游记》快要出版了，这其中正镶嵌着他青春时的奋斗硕果。

现实中，看到周围有不少二三十岁年轻的面孔上写满颓废，真为他们惋惜和着急，希望他们快快的振作起来。之所以颓废不堪，不外乎在自己的人生路上遇到点挫折失败，或是小小的不如意，但这绝不是放弃自己的理由。

可以说，任何人在实现梦想的路上都不会笔直如意的。想想看，珍珠也是经历了巨大的痛苦才孕育而成的；钻石之所以能璀璨夺目，也是经历千锤百炼……我们还年轻，怕什么失败？大不了从头再来。不妨记住一句话：你可以失败，但一定不能自甘平庸。

青春无敌，赢在活出自己

作家张小柒在《那年这里》中有这样一段话：

本该成为秃丘上橡树的你在人生的角逐中选择边缘化，甘愿平凡，执著地成为绿洲中的小草，千篇一律，毫无个性。

娱乐圈一直存在着一些怪现象：某明星拍电视剧时不背台词却用数字代替；某当红小生只“用脸拍戏”，不露脸的镜头全用替身；某男星只追求上镜好看，全然不顾角色要求；当红小花旦现代剧都是傻白甜；某某某又去韩国整形成了千篇一律的网红脸……

于是，娱乐圈里明星很多，演员却少得可怜。

规则的社会里，为自己贴上标签，每个人就成了毫无个性的那一个。就像张小柒说的那样，本该成为橡树却成了小草。要想改变这种状况，唯有打破这些规则，才能收获真实的自己。

现代娱乐圈，明星何其多。在众多明星中，胡歌是我现在比较喜欢的一个。在这之前，我是比较排斥他的，因为他曾经也是“流量偶像”中的一员。

在一次明星采访节目中，胡歌坦言自己用了整整八年，才从“流量偶像”的“泥沼”中挣扎出来。

节目中，阳光帅气的胡歌开玩笑说自己也曾获得这种千篇一律的“流量偶像”带来的好处。那时的他和现在许多迅速蹿红的小鲜肉一样，享受过被众人疯狂地爱慕。那些爱慕，是他事业起步的基础。

综观他早年的一些作品，我们很容易就可以发现，他的作品无一例外都是留着厚厚的“刘海”，都是些飞来飞去、毫无新意的古装偶像剧。

《仙剑奇侠传》算得上是“仙侠剧”的经典之作。剧中，刘亦菲和胡歌的搭档吸引了众多年轻人的目光。在为这部电视剧试妆时，为了掩饰胡歌脸型偏长的缺陷，他的老板蔡艺侬特意让化妆师给他设计了厚厚的刘海。

谁知，这个造型却成了胡歌早期最有代表的形象，厚厚的刘海一直伴随他早期大部分作品。

日复一日中，他慢慢发现了自己的不足——

“千人一面的演员里面，你看不到自己。”胡歌如是说。于是，胡歌开始有意识地改变自己，在挑选剧本时也格外留意。

他的第一次转型是拍摄生活剧《苦咖啡》，这是他抛弃古装大侠的标签，成为写实派演员的开始。

自此之后，胡歌开始尝试多种角色，不管是都市白领、康巴汉子还是霸道总裁，胡歌来者不拒。只要能锻炼自己，提高自己的演技，他都愿意。

遗憾的是，这些角色都没能让他大火。问及这段经历是不是后悔，胡歌坦然一笑：

“没有什么好后悔的，我想演的戏，终于演到了。”

最近几年，不管是《琅琊榜》还是《生活启示录》，胡歌的演技是毋庸置疑的。尤其是《琅琊榜》中梅长苏一角的塑造，更是让他再一次名声大噪。

“应该说，梅长苏这个角色的塑造基本上令人满意，但是我相信以后会更好。”末了，这个阳光大男孩笑着说，“自己终于再也不是‘飞来飞去’的李逍遥了。”

谁又能想到，正当胡歌的事业芝麻开花节节高时，他却选择急流勇退，宣布暂时息影回归校园，并于2017年年初远赴美国修读电影导演课程。

是啊！人生就是这样，没有人能要求你怎样，除非你告诉自己，你就是这样。敢于撕下自己的标签，遵从自己的本心，才能得到自我。你落入流俗或者一枝独秀，你浑浑噩噩还是光彩夺目。这一切，都取决于你自己。

据说有个村子盛产石头，村民们平时都去山里捡石头，卖给建筑商人。

有一个青年，在路边给大家提供茶水，条件是：他们从自己的石头里面，挑出一块形状奇怪的来，作为交换。

背石头的人都认为这样的交换没有什么损失，欣然应允。

这个青年，后来把那些奇形怪状的石头卖给花鸟商人做盆景。要知道，这种石头的价格，是普通石头的数十倍。

后来，村里人靠种梨树卖梨子招来八方客商，一筐筐的梨子远销全国各地。

就在大家都为小康生活高兴的时候，那个卖奇形怪状石头的年轻人，却毫不犹豫地砍掉了自家所有的梨树，种起了柳树。

原来他发现，客商们不愁买不到梨子，但他们却缺少装梨子的柳条筐儿。不难想象，他又一次大获成功。

盲目从众，只会扼杀你的优秀。愿我们都能坚持做自己，独一无二的自己。

我们周围，有些人墨守成规，他们一遍遍告诉自己，自己没什么不同，最后他们就真的没什么不同了。大多数人之所以不能改变自己固有的圈子，就因为他们心存畏惧，过着千篇一律的生活。而成功的人看似辛苦，却赢在了活出自己。

愿青春的我们都能坚持做自己，走别人没有走过的路。

与其被动等待，不如学会在雨中起舞

一直以来，我都很喜欢高尔基的文章——《海燕》。

《海燕》一文中有这样一段描写：“狂风吼叫……雷声轰响……一堆堆乌云，像青色的火焰，在无底的大海上燃烧。大海抓住闪电的箭光，把它们熄灭在自己的深渊里。这些闪电的影子活像一条条火蛇，在大海里蜿蜒游动，一晃就消失了。——暴风雨！暴风雨就要来了！这是勇敢的海燕，在怒吼的大海上，在闪电中间，高傲地飞翔；这是胜利的预言家在叫喊：——让暴风雨来得更猛烈些吧！”

毋庸置疑，暴风雨是一种有点可怕的天气。作为一种自然现象，暴风雨的出现是无法避免的。很多人惧怕暴风雨，讨厌暴风雨，但力量弱小的大自然精灵——海燕却能在暴风雨中翩然起舞，这真是很讽刺。

引申到生活中，暴风雨意味着不幸。我们的生活充满了各种不幸，让人无法逃离。面对生活中的暴风雨，你是选择无助地等待暴风雨过去呢，还是选择勇敢地在雨中起舞呢？

大敏的女儿萱萱从小就学习舞蹈，至今已十多年了。姣好的面容，优雅的身姿，见过她的人都觉得她跳舞很有天赋。在众多的舞蹈种类中，她最喜欢的就是芭蕾舞。在她眼中，芭蕾舞是最有魅力的舞种。萱萱是个非常努力的女孩，她曾不止一次对我们说：

“我最大的梦想就是成为一名专业的芭蕾舞演员，站在耀眼的舞台上，跳最美的芭蕾舞。”

一次，省里的芭蕾舞团要来选拔招生，这个消息让萱萱兴奋不已。

“要是能成为省芭蕾舞团的一员，那我不就离梦想更近了吗？”萱萱美滋滋地这样告诉我们。

熟悉她的人都知道，为了这次选拔，萱萱付出了常人难以忍受的艰辛。不过，一切都是值得的。

经过一次次严格的选拔，萱萱如愿成了省芭蕾舞团的一员，在芭蕾舞团里她总是最用功最刻苦的那一个。

一次，全国一家知名的舞团要招舞者，在比赛中，萱萱全情投入，忘我表演，几乎每个舞蹈动作都做得很标准。萱萱对自己的表演充满信心，觉得自己一定能入选。不料，最后入选的却是另外一个并不觉得比她强的人。

她落选了！

这对萱萱来说是一次不小的打击，只有 21 岁的她突然想要放弃学习舞蹈。

看到萱萱整日无精打采的样子，大敏准备开导开导她。

“妈妈，我不想跳舞了。我渴望更大的舞台，跳给更多的人看，可是，现在没有机会了。”萱萱虽然 21 岁了，但是涉世不深的她觉得这次的坎真的很难过去。

“怎么会呢？傻孩子。”大敏笑着说，“即便台下只有一位观众，你也要用心完成你的舞蹈，妈妈永远是你的观众，在我眼中，我的女儿是最棒的。”

“可是太不公平了，我觉得被选拔上的那个人动作完成得并不好，并不比我强，我努力还有什么用？还不如放弃呢！”萱萱的眼圈红红的。

“这个世界本就没有绝对的公平，但这并不能说明什么。是金子总会发光的，如果你现在放弃，那么就永远也没有发光的机会了。”大敏继续说道，“难道你希望自己十多年的努力都白费吗？”

“是的，萱萱，你是我见过的跳芭蕾舞跳得最好看的孩子。真的，简直棒极了。”大敏的爱人也在一旁说话了，“有你这么优秀的女儿我很骄傲。”

之后，萱萱不再郁郁寡欢，经过内心调整又重新进入了舞蹈训练，并且比以前更加努力，心态也更平和了。

后来，在一次芭蕾舞表演中，萱萱出色的表现引起了国外一家著名舞团的注意，邀请她加入他们。要知道，这可是很多学芭蕾的舞者梦寐以求的大舞台啊！

无疑，萱萱成功了。

大敏的那句话很让人赞同：这个世界，本就没有绝对的公平，要么勇敢地接受，继续努力；要么，畏缩不前，选择放弃。有时候，我们放弃的不只是一次机会，更是对自己人生的放弃，因为放弃只会让我们越来越懦弱。小小的风雨都接受不了，还怎么面对今后可能更加残酷的人生？

在一本励志书上，曾看到过这样一个故事：

一个人不小心从悬崖上掉了下去，但好在他抓住了一棵树的树枝。可是树枝太弱了，似乎承受不住他的重量，他吊在树枝上晃来晃去，随时有坠入谷底的危险。

在这里，我们一起看看他所处的境地：

他的身子下面，是条大河，河里有只鳄鱼正张大了嘴巴，虎视眈眈地等着他。在他的头顶上，一只狮子与一只老虎也张开了血盆大口。在不远处的天空中，一只秃鹰正在上下盘旋着，等着享用美餐。这些还不是最糟糕的，更可怕的是，不知从哪里跑来了一只可恶的老鼠，正无情地啃食着他唯一可以赖以支撑的枝干。

“看来，我必死无疑了。”他绝望地想着。

这时突然飘来一股清香，他发现在他的身旁，有一颗鲜红硕大的草莓。他干脆什么都不想，只是伸手将那颗草莓摘下，“真甜！”

这时，他周围的环境也有了微妙的变化。他头顶上的狮子与老虎为了争夺食物而打得不可开交，沙石纷纷滚落崖下；碎石打中了老鼠，老鼠不幸掉入鳄鱼的嘴中；这时秃鹰乘虚而入，飞来抓他，他乘势抓住秃鹰的爪攀上了悬崖；而崖上的两个大家伙，早已两败俱伤，动弹不得。他得救了。

这个故事虽然是虚构的，但是它却告诉我们：无论身处什么样的困境，心态很重要。当生活的暴风雨不期而至时，不要反复想象你的不幸，这时不妨想想那些使你最愉快的事情，要以最大的努力来制造快乐。

我很喜欢歌手许美静演唱的那首《阳光总在风雨后》，“阳光总在风雨后，请相信有彩虹。珍惜所有的感动，每一份希望在你手中……”，每次听到这首歌时，总是能带给人以更多的激励与希望。

当缺陷与不足成为动力，你就选择了成长

不知你有没有这样的感觉，随着年龄越来越大，我们怕的东西也是越来越多：怕创业失败、怕报的培训班考级不过、怕工作不能让上级满意……

可以说，生活在这个世界上，每个人都不可避免地会经历苦恼、困惑、挫折和艰难，应该说，这些都是与生俱来的，谁也不能改变。面对生活的种种，我一直相信这样一句话：不管何时，都要以强者的姿态去生活，因为，生活不相信眼泪，命运不同情弱者。

在大家的印象里，从前的梦然不管做什么事情总是战战兢兢，像极了一只受伤的小鸟。她不敢抬头走路，不敢正视与她说话的每一个人。

很明显，她很自卑。

"可以说，我的整个少女时代都生活在别人的嘲笑中，我脸上的这块黑斑简直就是我的梦魇，大家都叫我花斑猪。你说，我怎么能不自卑呢？"在一次与她通电话的过程中，她这样不无遗憾地诉说着。

说起梦然的情况，是大家再熟悉不过的了。

她从小生长在农村，是个留守儿童，平时她都跟舅舅舅妈一起生活，父母则带着年幼的弟弟在外打工，很多时候，一整年他们也难得见上一面。那时候，同龄的孩子放了学都聚在一起写作业、玩游戏，只有她，不仅要给上班的舅舅舅妈做好饭，还要喂养家里养的一些鸡鸭鹅。等这一切都弄妥当了，她才有时间坐下来写作业。在我们眼中，书本是再平常不过的物品，但是在她那里，不管什么书都会被她当作宝贝一样保护得很好。

她是想走出农村，好去外面看更大的世界，书本就是连接她与外面世界的桥梁，所以她上学的时候总是比我们这些孩子更加努力。

初中毕业后，父母不同意她继续读书。在一些农村人看来，女孩子迟早是要嫁出去的，读那么多书有什么用呢？还不如早早出去打一份工来得实在。何况，高中的费用也是一笔很大的开支。在父母的坚决反对下，她只好无奈地离开了学校。

离开学校后，她只能去找工作，可是雇人单位不是嫌她小，就是觉得她丑。看着那些人鄙夷嫌弃的眼神，梦然的心里泛起了种种不甘。

也是从那时起，她知道自己必须要扭转自己的命运。于是她下定决心，无论如何都要上学。因为只有学习，能够让她改变自己黯淡的人生。为此，她第一次忤逆了父母的意愿，甚至用极端的方式来逼迫父母同意她上学。看着女儿坚定的眼神，父母的心也软了，就这样，梦然重新回到了学校。

回到学校后，她像变了一个人一样，疯狂地汲取着各种知识，仿佛是一个被困荒岛的人，想方设法地寻找粮食、建造船只，只为有一天能乘风破浪逃离荒岛。高中三年，她除了在食堂打工挣得一点微薄的薪水外，其余的一切时间她都用来学习。她的努力没有白费，三年的付出让她终于考上了名牌大学。

没有学费，梦然就申请助学贷款。她带着最简单的行李走入了向往已久的大学。

“你不知道，我第一次踏进大学校门的时候有多激动，真的，那一刻我觉得自己是天底下最幸福的人。”一次聊天的时候，她泪光莹莹地说道。

她知道自己没有别的女孩子漂亮，所以她不像别人一样把空闲时间用来唱歌、游玩、谈恋爱，而是找了几份兼职来维持自己来之不易的学业。凭着一股不服输的劲头，从本科到研究生，再到博士，她从不敢虚度一天。

“我知道自己没有资格去享受，只有努力，努力，再努力，才能取得别人轻而易举就能获得的成功。”

她总是说，从不敢奢望爱情会降临到自己身上，因为那是漂亮女孩子才享有的专利。

平时，她把自己保护起来，除了工作还是工作。现如今的梦然已经脱胎换骨，只是她的美自己并没有发现。26 岁那年，一个率真阳光的小伙子被她的执着、认真所打动，在工作的接触中，已经深深喜欢上了这个敏感的姑娘。只是面对梦然紧闭的爱情大门，小伙子迟迟不敢表白。直到后来突遇车祸，两人经过生死的考验才相知相惜。

“原来，我也有获得幸福的权利，现在，我要感谢脸上的这块黑斑，要不是它我不会这么拼命。”

是啊！生活不相信眼泪，命运不同情弱者。也许，正是梦然小小的缺陷反而成就了她的幸福人生。

缺陷不能成为一个人抱怨生活的借口，而是应该让缺陷成为你前进的动力，当你努力去弥补这一缺陷时，你就选择了成长。

我始终坚信：在这个世界上，没有谁可以真正帮到你。鸡蛋，从外打破是食物，从内打破是生命。人生也是这样，从外打破是压力，从内打破是成长。别害怕上舞台，其实我们一直在台上。

为了明天的成功，从今天开始奋斗

杨文一直信奉这样一句话："为了明天的成功，从今天开始奋斗。"他不仅把这句话当作座右铭，更是将自己的实际行动付诸其中。

杨文是交大毕业的高才生，现在在成都一家知名投资公司担任基金经理。一开始，为了得到这个职位，他需要和众多的金融领域富有经验的其他应聘者竞争。很幸运的是，在单位长达一年的反复测试中，他最终力压群雄，脱颖而出，得到了那份薪水丰厚的好工作。

"你刚毕业不久，怎么就得到了这么好的工作职位？该不是有什么背景吧？"一位朋友开着玩笑。

"哪有什么背景？我的家庭背景你们还不知道吗？都是农村娃。"杨文憨厚地笑道，"要说原因，应该得益于我平时扎实的理论知识和丰富的实践经验吧！"

他在交大学习期间的事情我多少是知道一些的，每个寒暑假，他就在一家证券公司义务做实习工作，应该说，他所说的经验就是这一段时间的积累吧。

听他原来的一位同事讲，做实习生期间，杨文对上司交代的各项工作都保质保量地完成，还利用难得的机会，在下班之后研究各项企业并购案例、股票市场的投资技巧等。

“嗨，他可是老总眼中的好苗子啊！每次开会时，老总都让我们向他学习，说他总是加班到最后一个离开公司的人！”那位同事在谈起他时对他也是赞赏不已。

经过长时间的积累和不断学习，杨文的专业水平早已超越了实习生的水平，公司大小业务完全可以独立完成。据说，实习期结束后，公司老总还希望他能够在毕业后继续来公司工作。

不难看出，杨文的成功之处就在于，他在毕业之前就为自己打好了基础，和大多数的毕业生相比，他愿意为自己今后的成功努力奋斗，并为之付出了更多的努力，这是他区别于大多数人的地方。

一些年轻人经常向我埋怨说，我可不是来适应这个世界的，我是来改变这个世界的。说这句话的人可能还不知道，有抱负有雄心固然是好事，但事实却是，能够凭借一己之力来改变这个世界的人总是少数，几乎每个妄想改变世界的人，首先要做的就是学着适应这个世界。

威斯敏斯特大教堂的地下室里，有一块无名氏墓碑，那块墓碑上刻着的一段话让我始终铭记在心：

“在我年轻的时候，我的想象力没有受到任何局限，我有一个伟大的梦想：我要改变这个世界。当我渐渐成熟明智的时候，我发现这个世界是不可能改变的，于是我想，那就只改变我的国家吧。但后来我发现，我的国家也是无法改变的。当我到了迟暮之年，抱着最后一丝希望去努力，我决定只改变我的家庭、我亲近的人——但是，唉，他们根本不接受改变。现在在我临终之际，我才突然意识到：如果起初我只改变自己，接着我就可以依次改变我的家人；然后，在他们的激发和鼓励下，我也许就能改变我的国家。再接下来，谁又知道呢？也许我连整个世界都可以改变。”

其实，奋斗的过程就是不断适应的过程。盛年不重来，我觉得我们每个人在每一天结束的时候，不妨问自己这样一个问题：今天的自己过得好吗？是奋斗了一天还是成功地混了一天呢？

第二章

你若不勇敢，没有人能替你坚强

人生路漫漫，总有一些痛苦需要你自己消化，总有一段艰苦的日子需要你自己咬牙苦撑，但，只要撑过去，心中便会长出一朵坚强的花儿，任凭风吹雨打，永远不会倒下。

致20–30岁的你：恐惧与压力，只是阴雨的天气

1.

小青在深圳的一家外企工作，由于她形象好、气质佳、能力强，担任公司的设计主管一职，属于高级白领阶层，是许多人羡慕的对象，但看起来光鲜亮丽的她却经常打电话向我抱怨：

“在外企工作，压力实在太大，我都快承受不住了。你不知道，我现在的黑眼圈用再浓重的眼影都遮不住；到了晚上，没有安眠药我简直都无法入睡。”

朋友田勇在中学教书，上上音乐课，办办培训班，业余写写文章，收入也很可观，既有双休日，又有带薪休假的寒暑假，日子过得逍遥自在。在我们一众人眼里，生活最轻松的就是他了，可是他也时不时向我们吐槽：

“你们是饱汉子不知饿汉子饥，要不换成你来试试？哥们儿，

你们是不知道，上音乐课的学生可都指望着高考的艺考成绩冲刺呢，我哪里轻松得了？我每天接触的都是高三的学生，一到高考，我比谁都紧张。你们说，我压力大不大？”

哎呀，听他这说法，敢情他比我们过得还难熬。

想想自己，眼见着一起的校友、同事一个个混得风生水起，我们也不能太落伍；评职称、拿学位，为晋升名额争得头破血流；什么时候入手一辆车，给家里的孩子准备一下出国的费用也要提上议事日程；年迈而身体欠佳的父母，小孩各种培训班的费用，无一不是我们担心的对象。经济和精神的双重压力，重重地落在我们的双肩，除了勇敢地挑起担子，我们好像也别无选择。

是啊，压力谁都有。人啊，哭着喊着跑到这个世界上来，面临的首要问题就是生存。要生存，就必然遇到竞争；有竞争，压力就无法避免。

众所周知，生活从来都没有容易的时候，只要你选择活着，就注定要承受生存所带来的各种各样的压力，如升学、就业、晋职等，不胜枚举，不一而足。

面对各方各面的压力，最好的办法就是勇于正视它，学会承受它，才能在日趋激烈乃至残酷的生存竞争中，立于不败之地。听起来有点大言不惭，可面对压力谁又不是这样过来的呢？

2.

说到压力我想起这样一句话：生活就像一张弓，只有经过重力拉扯后，才知道它的韧性。这句话一点没错。

我经常到楼下的银行办理业务，时间长了，跟他们的理财经理小王熟络起来，有时看他不忙的时候就会聊几句。

有一次，我问他，为什么银行的柜员经常更换，感觉总是不能长久呢？

他回答说，现在的小孩抗压能力太差了，稍微受点挫折就甩手不干了，加上家里条件都挺好的，也没有金钱方面的压力，所以一有点风吹草动就辞职了。

我听了有点惊讶，当柜员能有什么压力呢？不就是存钱、取钱吗？不像你们这些理财经理，还有一些指标上的压力。

他听了笑着回答，自己其实特别能理解当柜员的压力，因为他就是从柜员实习做起的。

刚毕业那会儿，由于并非专业的财会学校毕业，所以要花更多的时间去练习别人已经熟悉的项目，比如说点钞，别的同事10分钟能点12把钞，点、绕、捆、盖章，整套流程如行云流水般一气呵成。自己呢？一把钞票都抓不牢，还一个劲儿直往下掉。另外，还有打小键盘，就是两三分钟，用小键盘输入100个数字，每个数字都长达七八位，一个小数点都不能错。别的同事五个手指同时出击，如雨点般纷纷落下，他只会麻木机械地用食指戳来戳去，为这，同事们还给他取了个绰号——“一指禅”。

当时带他的领导以严苛著称，对业务及下属要求极其严格，以至于哪里的银行新开业了，都让这位领导去带新人，领导的严苛由此可见一斑。

这个领导看着他的“一指禅”，面无表情地说：“给你两个月时间，练好就上柜台，否则就赶紧离开这个团队！”

天哪！两个月！两个月练成“行云流水”简直就是天方夜谭。他一度觉得这个领导太不近人情，就不能让自己有一个慢慢适应的过程吗？后来，当他知道这两个月只是下班后的时间，就更加绝望了。

白天没有时间练习，因为还有很多别的业务要学习，另外还有很多打杂的活儿，所以只能抽空练习。想想也是，这里只是实习的单位，不是专门培养你的学校，哪有工夫让你优哉游哉地练习呢？

没办法，自己需要这份工作。他只好下了班以后，每天练到10点多，直到大厦的保安关门才算完。这还不算，有事没事手里就抓一把练钞券，在出租屋里练、地铁上练、在公交车上也练！即便手练成了腱鞘炎，手背上鼓一个大包，简单处理一下后，接着练。

凭着这股韧劲，两个月的时间，他硬是啃下了这块硬骨头。

他伸出两只手的拇指给我对比，右手的拇指明显要比左手的拇指粗。他告诉我，这就是当年疯狂练习的结果！

我正要为他拍手叫好的时候，他却透露了一个更加让我震惊的消息。

他接着告诉我，等真正上柜台之后才发现，这些真的都不算什么，很多人之所以抗不住了，是因为后面的过程。

上柜后，每天晚上的结账，才是噩梦的开始，一分不能多一分不能少，多少都要找原因！怎么找？看录像！一天下来100多笔业务，对照着模糊的录像一笔一笔地回想，错到底出在哪里了？由于自己的账不平，还要连累所有的同事无法按时下班。以至于每天晚上一到结账的时间，他就心里畏惧，总觉得自己不能做得圆满。

除了这些，还有其他方面的压力。银行是服务行业，开门营业就要面对各种各样的客户，有时对客人礼貌地问询："您好，请问您办什么业务？""我买猪肉！你卖吗？废什么话！我到银行就是来取钱的……"

有的人刚取完钱，一会儿又回来说取了假币，指着柜员就破口大骂，还口口声声说要上报，要投诉！要报警！

……

更别提还有各种暗访机构，拿着隐形摄像头拍你的一举一动，动不动就要扣分罚款。

最后，他告诉我说："做我们这一行没别的，就是各种压力，就是要我们能挑战压力。过了这个坎儿就好了，你看我现在不是挺好的吗？说实话，我非常感谢当年那个严苛到几近于残酷的领导，正是他养成了我严谨的工作习惯，一分一厘都不出错，现在不管什么工作难题，到了我这都能应对自如。告诉你一个秘密，现在我做的卷宗交到什么地方都可以说是免检的……”

看着他娓娓道来，我不禁感慨：刚进职场的时候，大都不会是一帆风顺的，一定充满了坎坷和阻碍，面对这些生活中的阴霾，一部分人斗志丧尽，棱角全无；也有的人坚持奋斗，执着前行，因为他们相信，太阳终究会出来，只要你肯努力坚持，那些压力与恐惧真的就都不是事儿了。

一次痛的感悟：痛才是历练，苦才是人生

闲暇之余，除了喝茶聊天，我还有一个最大的消遣，就是听相声。众多的相声艺术家中，我尤其喜欢冯巩和牛群。

在我看来，相声不仅是一门艺术，更是生活的浓缩。我记得他们的相声中有一段非常经典的话："朱元璋6岁开始要饭，孙中山15岁才有鞋穿；爱迪生卖过报纸，高尔基擦过皮鞋；陈景润卖过鸡蛋，马俊仁打过猪草；倪萍捡过柴火，赵本山钉过马掌；冯巩捡过烟头，牛群拾过煤渣……"

这段话乍一听是在自嘲，但仔细想想，其实影射的是我们一生中注定要历经的磨难。在我看来，很多时候恰恰是生活的磨难直接扔给我们一个置之死地而后生的机会，所谓凤凰涅槃、浴火重生，就看我们能不能正确把握。

做任何事情都很难一帆风顺的，所以遇到挫折或瓶颈时，唯有振作努力才是硬道理。

最近参加了一个项目会，认识了讲师王翰。他在台上旁征博引，口若悬河，显示出渊博的知识。当然，他的厉害之处绝不在于此，除了丰富的知识量，他总能恰到好处地说说笑话侃侃大山，既诙谐幽默又恰如其分，掌声总是如潮水般一浪高过一浪。

“这种人天生就是做讲师的料。”在知道他的故事之前，我一直这么认为。

直到我们真正成为朋友后，王翰给我讲了他刚上班那年，被人直接拉上讲台的一幕，我才知道这其中的故事。

那是他们单位举办的一场中型的产品发布会，之前一直是别的同事主持发布会，他只是负责维护秩序的会务组人员。虽然没有直接接触产品发布会的相关事项，但讲的内容他听了无数遍了，不说倒背如流也能应对一二。

那天，很不凑巧，负责主持发布会的同事因为遇到特殊情况，无法按时赶到发布会现场。情急之下，老板只好临时换人。事发突然，来不及深思熟虑，老板就把王翰叫过来，用命令的语气告诉他，今天你上。王翰一时语塞，未来得及推脱，就被领导推到台上去了。

王翰说：“我永远也忘不了突然站在台上的感觉，你不知道，当时所有人都看着我，我大脑一片空白，手发抖，腿肚子直抽筋，冷汗涔涔往外冒，好不容易说出一句话，声音都是变调的……”

生活不是电视剧，没有突然逆转，没有事先彩排，王翰说自己像被审判一样在台上尴尬地站了足足有两三分钟。要不是最后领导直接上台救场，他连下台的勇气都没有了。

王翰是被领导拖着下台的。懊悔、自责、痛苦交织在一起，简直令他快要崩溃了，同事事后还打趣他说："有人晕车，有人晕船，看来，我们的王翰晕台呢！"

如果他就此给自己打上"我不擅于演讲，我不擅于当众讲话，我就是一个木讷内敛型人才"的标签，或者王翰痛苦了一段时间之后就忘记那天的尴尬，那就没有今天口若悬河的他！

从那次"晕台"事件之后，他对自己的生活进行了重新规划。比如，每天读报纸，声嘶力竭的那种，以此锻炼嘴部肌肉，这个锻炼可以让他说话不会像之前一样小声小气，模糊不清。在他看来，只有声音洪亮，才会有气场。

有时候，他一个人在公园大声朗读，那些晨起锻炼的人都用异样的眼光看他，都以为他脑子有问题……

除此之外，找一切可以在大众面前讲话的机会锻炼。自己的第一次尝试是给社区老人组织的广场舞大赛做主持人，他觉得，这些老人的会场没有那么严肃，主持起来也相对容易些。他的目的是想通过这些机会，战胜自己一站到舞台上大脑就一片空白的恐惧感！

通过一个一个小目标的达到，他很快就有了成就感。接下来，他就开始制定更高一点的目标，比如说，这次讲一个典故，下次我要努力让观众发笑……

“不管做什么事，制定目标都很重要，但是绝不能制定超过自身能力的目标。因为一旦目标不能实现，就很容易加重挫败感，更容易半途而废。”一次谈话的最后，他这样说道。

看着面前意气风发的他，我很难想象他曾有过一次那么不堪回首的经历。如此看来，领导推他上台的那一刻，真是成了他人生的转折，无比难堪痛苦的时刻，竟意外地成了他重生的起点。

是啊！一个人经历的挫折和坎坷的多少，一定程度上决定他心灵的厚度和富有。遇到挫折，正视它，战胜它，或许痛苦的经历会让我们充满感激。

能带你走出绝境的只有自己

1

“我真的快要撑不下去了。”朋友阿牛一见面就捶胸顿足。

“怎么了？”我问道。

“还能怎么？我们老板简直就是个变态，而且是超级变态！”阿牛怒气冲天，“一个策划案让我返工了N次，还是不满意。要知道，策划案不通过，我下个月竞选办公室主任就没希望了。你说我怎么那么‘运气好’，这么难伺候的老板都让我遇上了？”

“嘿，就这事啊，我还以为什么大不了的事呢。”

“你可是站着说话不腰疼啊！换成是你不生气？我感觉我是前路渺茫啊！”

“怎么会，说不定再写一次就过了呢？”

“反正我已经不抱任何希望了，觉得自己面临绝境了。”

“你这就叫绝境啊？”我很惊奇这么点事他居然能用“绝境”

这个词语。我不知怎么开导他，只是告诉他：

“你这真不算事儿。我们单位来了一个新同事，听他们说，家里以前很富裕，可是她爸爸因为某些原因被判了几年，她妈妈受不了打击喝农药自杀未遂变成了植物人。出事之后，她的亲戚朋友都躲得远远的，连她谈了三四年的未婚夫也消失不见了，真是应了树倒猢狲散的那句话了。”

“那她不得崩溃啊？要是我哭都不知道找谁，哪还有心思上班？那她上班表现怎么样，是不是每天哭丧着脸，活脱脱一‘祥林嫂’？”阿牛妄自揣测。

“说什么呀，人家好着呢。她的业务水平连我们老板都赞不绝口，开会时还当众表扬了她。客户也说她能力不错，点名让她负责业务的后续事宜。”

“那她确实挺厉害的。”阿牛自叹弗如，伸出大拇指对我所说的姑娘表示佩服。

“所以说，生活没有绝境，总有人比你活得辛苦。你认为的绝境只不过是人生道路上一个小小的坎儿，又或许是压力太大，让你暂时看不到接下来的路而已。只要静下心来，迎接挑战，就一定能走出你所谓的绝境。”

“是啊，不就是策划案没通过吗？大不了再来一次嘛！比起那姑娘，我这区区小事，又何足挂齿呢？”阿牛释然了。

事实上，每个人难免会遇到一些让人不顺心的事，很多时候，都是我们人为地夸大了眼前的小挫折，一如阿牛。即使真的很难面对生活的不如意，你应该庆幸：自己还活着。

经常有人说：

“生活太苦了，我支撑不住了。”

“怎么付出了那么多，还是没结果？”

“我的前面就是绝境。”

“我感觉人活着真不容易，还不如死了算了。”

……

我觉得，这些人口中的绝境，只不过是为自己寻找逃避的理由，把责任推到天意上。真正的绝境并没有，对生活绝望的人倒是大有人在。

很多人常常被眼前的困难吓退，甚至有些人还会为自己提前躲开困难的先见之明而沾沾自喜。可是，一段时间之后，却发现事情并没有想象的那么严重，倒是原本拥有的机遇擦肩流逝了，于是悔不当初。

应该说，世界上所有的困难都是暂时的，也都是能克服的。所以，不管身处何种境地，都不要放弃希望，真要是有所谓的绝境，能带你走出绝境的，也只能是你自己。

2

生活总是爱捉弄人。

有一个小伙子名叫杜威，在一次回家的路上，被一辆疾驰而过的汽车撞断了一条腿。小伙子原本玉树临风，器宇轩昂，失去一条腿后，这让从小开朗活泼的他一下子失去了活下去的勇气。原本还说得过去的生活变得艰难起来，因为被撞的路口没有摄像头，肇事者逃逸，杜威并没有获得任何赔偿。

住院期间的费用高得吓人，他不仅用光了家里的积蓄，还有很大一部分费用是妻子东拼西凑借来的。

出院后，他依然无法接受这突如其来的变故，看着右边空空如也的裤管，他悲从心来，感到很绝望，真的想一死了之。可是，看着活泼可爱的女儿，他的心慢慢柔软起来。

一天，女儿说想要学跳舞。他知道，女儿从小就爱唱爱跳，之前就想送她去学习跳舞的，可是，因为车祸的事就耽误下来。街坊邻居也夸女儿聪明，舞跳得好。他紧紧地抱着女儿，心想：不管怎样，都要让女儿学舞蹈，不能因为自己而耽误女儿的前程。

学舞蹈的费用很高，拿不出来怎么办，他只好找亲戚借。

“你连饭都快吃不上了，还送女儿学什么跳舞？你是不是疯了？我劝你还是省省吧！”钱没借到不说，反而被亲戚一通数落，一言不发的他痛苦地转身走了。

回到家的杜威一夜未眠，他想：难道自己一辈子就这样了吗？难道我只能一直让人瞧不起吗？

辗转反侧中，他突然想到一次去省城的经历，大城市的人似乎对农村散养的土鸡很感兴趣，即便价格是普通鸡的好几倍，但还是有很多人为此买单。他当即就想通过养土鸡改变自己的窘况。

第二天一大早，他与妻子简单商量过后，便去了省城。走路异常艰难的他顶着烈日一家家门店去跑，其间遭受了不少白眼，觉得他简直是异想天开，甚至刚一听他说话，就有人赶他走。杜威并没有因此而退缩，他订了一家小旅馆，准备明天继续跑市场。

或许是被他的诚心打动了，或者仅仅是同情他，有一家经销商决定给他一条出路。告诉他，只要他养的土鸡品质好，养多少就会收购多少。

听到这样的话，就好比给杜威吃了定心丸。签了合约，杜威便回家了。

销路不用担心了，接下来面临的就是养殖的问题。他先是小规模地养殖，纯放养式的，给鸡吃的也是纯杂粮，经他养出来的土鸡肉质鲜嫩，口感极佳，经销商觉得很不错，马上又给了他数目更大的订单。第一次合作很愉快，之后，杜威扩大了养殖规模，因为始终把土鸡的品质放在第一位，土鸡的销路也越来越好，很多时候都供不应求。

从此，大家每天都能看到杜威拄着双拐检查土鸡的生长情况，即使累得满头大汗，他也没有一句怨言。不管怎么艰难，他都坚持自己的原则，绝不让自己的土鸡吃任何不健康的饲料。慢慢地，杜威养殖的土鸡被越来越多的人所熟知，很多人慕名而来，订单如雪花一样，一片一片飞过来，他们都想和他签订长期合同。

他，成功了。

应该说，失去一条腿，对任何一个人来说应该都是很难接受的。我很庆幸，杜威走出了断腿的阴霾，但是我也深知，他成功的背后付出了常人无法想象的艰辛，他用毅力与努力征服了身边的每一个人。

有一次回家，有人这么说了一句：

“那是杜威命好，遇到了愿意相信他的经销商，不然，他哪能有今天？”

可是，事实真的如此吗？一路走来，杜威确实也遇到了一些贵人，但真正带他走出绝境的正是他自己。不管何时，只要不看轻自己，自救永远都是最稳妥的走出困境的方法。

那些年的羞辱与痛苦，都是今天生活的养分

前一段时间我落枕了，脖子一动就疼，僵硬得无法转动，朋友给我强烈推荐了一个推拿按摩的技师，并再三嘱咐我，一定要提前打电话预约。

看着朋友郑重其事再三叮嘱的样子，我对这个技师产生了好奇。

按照朋友所说打电话过去，一个很年轻的声音，约定好时间，同时还告诉我，如果实在不方便他还可以上门服务。

这倒是挺好，我想我连扭头都困难就不勉强自己去他的店了，就把我的住址告诉了他。小伙子最后又问我一句："你那里有停车场吗？"我告诉他我们小区停车很方便。听完我的话，他似乎很高兴地说了一句，那真是太好了。

听声音，小伙子人不错，说话轻声细语的，还挺替别人着想。

按照我们约定的时间，他准时过来了，进门前麻利地穿上了自

己随身带的一次性鞋套。然后搬进来一个很大的工具箱。简单自我介绍之后，就请我带他去洗手间洗手消毒。趁他消毒的工夫，我观察了一下他带来的箱子，干净整洁的程度令我感到惊讶！

这些年，我接触的人形形色色，有的人仅一个不起眼的细节，就知道他为什么能成功了。就像这个小伙子，他把所有细节都考虑到了。

很快，他就开始对所有器械进行消毒，小伙子一边手脚麻利地工作，一边告诉我，这些东西其实都是事先消过毒的，但是为了让客户放心，还会再简单进行一次。

消毒完毕，就开始对我进行治疗，边治疗边听他讲自己的故事。

事实上，谁的成功背后都有不为人知的心酸，他也一样。从老家来北京闯荡，干过很多行当，去餐馆学过拉面，就是那种表演性质的，边扭边抻，腰都快扭折了，也没有学会，看他不是学拉面的那块料，被店老板毫不犹疑地扫地出门；去图文店学做制图，因为没有多少文化，设计的作品总是不能让客户满意，频频被客户退稿，虽然老板没有下逐客令，但也颇有微词，自己都不好意思再待下去了。最惨的时候，五人一间的地下室都住不起了，实在没办法，就找了间肯德基待了一整晚……

我问他：“生活这么艰难，为什么还能坚持留在北京呢？那你后来怎么又干起了这一行呢？看样子，你现在混得应该还不错！”

“大哥，这都不算什么，我后来的日子才更让人刻骨铭心呢！”他笑着告诉我，“后来，走投无路的我只好跟着老乡去了足疗店学足疗，一开始笨手笨脚的什么都做不好，甚至小事故不断：一次，我一不留神，走火罐的时候把火星落到客户腿上，烫得客户一弹腿就把我踢得老远；一次，因为力度没有把握准确，把一位老奶奶的脚骨捏痛了，最后，老人家的家人非说我把她捏骨折了，说不赔钱就要去法院起诉我，最后我只能又是下跪又是赔钱，这件事才算了了……”

“看来，你也真不容易！”说这句话，我是真心的。

“谁说不是呢？”他在我脖子上边刮痧边说，“大哥，你不知道，当时我跪在地上，真是想死的心都有，钱没赚到就算了，还惹出一身的事，我感觉自己太没用了。”

“那你后来怎么样了，辞职了？”我很好奇地追问。

“辞职？哪那么容易就辞职？真要是辞职我连可去的地方都没有了。再说，条件也不允许我辞职，赔给老人家的钱还是我老板垫付的，我要在他店里白干一年才能还得清啊！”

“唉——”我禁不住长叹一声。

想想吧！年轻人无依无靠地背井离乡来到北京这座大城市生

活，受的侮辱要不是感同身受谁又能真正理解呢？

听我叹气，小伙子笑着说："不过也还好，老板对我也不错，我就想着不能再给他惹事儿了。事已至此，我干脆就一门心思跟老师傅学，别人不教我，我就偷着学，我就想看看自己是不是这块料儿！为什么别人行我就不行……"

我正准备夸他有志气，突然，他好像有什么重大事情似的命令我："别动！"

我惊讶于他语气为何转变如此之快，说时迟那时快，脖子随着他手里的动作"嘎巴嘎巴"两声，我还来不及反应，他就恢复先前的语气，让我转动头试试。我听他的话转了转头，还别说，真的好多了。

"小伙子，你这技术可以啊！"我由衷地夸赞，"看来，你没跟老师傅白学啊！"

"只要用心学，哪有不会的道理呢？"小伙子很满意我对他服务的肯定，继续告诉我，"一年到期了，老板不仅没有让我走，还给我双倍的工资让我留下来。我的技术越来越精湛，找我的回头客也越来越多，要不是这次有位客人临时出差，你这里还要等好几天呢！"

这下我算是明白为什么朋友让我提前预约了。

"小伙子，看来你在北京混出来了！"看着他收拾自己的物品，我很想知道多一点他的情况，像他这么努力的人，日子应该不会太差。

“还行吧！因为北京限购的缘故，我买了一套复式的商住两用房。这不，上个月还入手了一辆我心仪已久的奥迪 Q5。下月我就结婚了，我很高兴，能把小日子过得热气腾腾。”

孟子曰：“耻之于人大矣。”我觉得，耻辱感，是我们捍卫自尊的基础与追求自强的动力。生活中，我们每个人都难免会遭遇到冷眼、非议与侮辱。面对这些，就看你是麻木不仁、犹如风过水波无痕；还是将其当作向上的动力，激励自己将其变成今天生活的养分。

我相信，总有一些人，能够正视他人所给予的屈辱，知耻而后勇，把屈辱当作引爆自己小宇宙的火种，努力活成自己希望的模样。

和命运死磕到底，就算明天遍体鳞伤

最近，有这样一份研究证明在网上流传：

48%的人经历一次失败，就一蹶不振了；25%的人经历两次失败就泄气了；15%的人经历三次失败也就放弃了；只有12%的人经历无数次的失败后，仍不气馁，始终朝着一个方向冲刺。在这极少一部分人之中，他们坚信，只要方向不错，方法得当，坚持不懈、锲而不舍，成功只是时间问题。

有人说过这样一句话，我很是认可：人生最大的敌人是自己，战胜自己是成功者的必经之路。在我看来，成功者寥若晨星，更少有人青史留名，但失败者比比皆是。

“失败能怎么样呢？又不会血流成河，大不了和命运死磕呗！”这是做茶叶生意的黎勇经常挂在嘴边的一句话。

因为经常喝茶、买茶的缘故，我认识了一位叫黎勇的茶老板。不管什么时候去他店里，买茶的人总是络绎不绝。为什么呢？一来他的茶叶的确不错，二来他的茶叶包装精致，价格公道。

买茶免不了在他店里品茶。由于买茶的次数多了，我便慢慢地和他熟悉起来。

说是老板，不过也就二十七八岁。通过交谈得知，黎勇最早涉足茶叶经营是在2010年。在这之前他在老家经营着一家超市，由于拆迁，他只好改行和一个福建籍朋友合伙做起了茶叶生意。因为听朋友说，茶叶的利润空间和发展空间都比较大。

也是，现在的人越来越注重养生保健，名目繁多的养生事项中，喝茶成了首选。

话虽如此，但从未接触过这一行的黎勇对茶艺、茶文化一窍不通。门市开业后，面对顾客提出的有关茶的问题，他常常脸涨得通红，说不出个子丑寅卯来。他甚至搞不清楚铁观音是乌龙茶还是红茶，没办法，他只得一次一次向朋友求救。看着朋友和顾客大谈茶文化，他才第一次认识到小小的茶叶居然有着这样深的文化内涵，很快，他喜欢上了这一行。

朋友归朋友，生意归生意。因为经营理念不同，他和朋友发生了分歧，生意也开始变得清淡。黎勇告诉我，在大半年时间里，他们不断地往里垫钱，根本没有回款。勉强撑到年底后，他与朋友在经营思路上的分歧越来越大，最后只好分道扬镳。

自此，黎勇开始独自创业。

2011 年年初，经过市场调查，他把茶叶门市地址选在了北京茶叶一条街——马连道。众所周知，马连道可是茶叶的集散地，这里大大小小经营茶叶的商场、店面成千上万家。

“你可真是初生牛犊不怕虎啊！”聊到创业就敢把店开在强手如林的马连道，我开玩笑地说他。

“嗨！我哪里知道这些，我只觉得扎堆的生意更好做一些。对这些茶行老板们的来历我一无所知啊！”黎勇很坦白地告诉我，“你说强手如林，还真是这样，我慢慢发现，这里简直就是藏龙卧虎，不论是茶道还是销售他们都门儿精，而且他们都来自茶叶生产厂家，对茶有着深刻的理解，唯独我是个门外汉。”

那个时候在马连道，就算是位置不好的门面，租金也很可观了。选定地址后，他看中了一间 60 平方米的门市。他交了租金请来装修工装修门市，自己则赶往茶叶生产地采购。这是他第一次采购茶叶，由于没有经验，又缺乏相关茶叶知识，他采购的茶叶无论在色泽上还是质量上都给日后的批发和销售带来了很大的困难。

“第一次做生意，我就赔了三十多万，那是我们家里拆迁的全部费用，都被我一下赔光了。当时我真是欲哭无泪。”黎勇边喝茶边告诉我。

为了不再犯同样的错误，他买来大量有关茶叶的书，仔细研读，凡是上门的客户也都提供最优惠的价格，以便发展市场。但不管怎么努力，他的门市仍是冷冷清清，少有人光顾。

“生意不好，就学习。”他开始托朋友介绍茶叶销售渠道；有事没事就和附近的商户套近乎；稍有空闲就亲自背着茶叶样品去零售店推销；有时他请人给他看门市，自己背个大袋子到偏远区县去找销售点……

“没少吃闭门羹吧？”旁边一位品茶的朋友插嘴道。

“嗯。那些人一听我是销售，不是说自己有供货方，就是说以后考虑，甚至会遇到一些不耐烦的人对我破口大骂。一开始，听到别人说‘以后考虑’，我都不知道是托词，还高兴好半天。那时我一心想着尽快发展客户，有时一天只能吃一顿饭，一个月下来整个人都快虚脱了。在两个月里，我跑遍了北京近200家茶叶零售店，但是没有得到任何回报。”

“那后来呢？”

“事实上，茶叶生意利润虽然大，但是并不好做。要么是货物堆积卖不出去，要么就是卖出去了迟迟收不回资金。我也想过放弃，但是我一想到被我赔进去的钱我就不甘心。”

“不过，看你现在的生意应该还不错啊！”我环顾店里，看着店员不停招呼进进出出的客人，我问道。

“现在是好了。”黎勇笑着回答，“可是在我想放弃的时候，在朋友们也都支持我放弃的时候，我为了鼓励自己，把头都磕破了。”

“呀！这是为什么？”我实在想不通，鼓励自己和磕头有什么关系。

“喝酒壮胆嘛！喝多了，就摔了，不偏不倚，刚好倒在一地碎玻璃上，从此我就再也不喝酒了。”黎勇很幽默地告诉我们，“不管亲人朋友怎么劝我，我都不会放弃，因为我已经喜欢上了这个行业，每个行业起步都会有艰难和困苦，但我相信，只要不认输，肯努力，总会闯出自己的一片天。”

后来，随着对茶经的深入了解和对市场的辛勤开拓，黎勇的门市慢慢有了一点利润，就在 2014 年春节前的一个月，他的门市不仅赚回了之前的所有投资，还略有盈余。2017 年上半年，他的茶叶门市纯利润高达七位数。

“我就不信，我不能成功。跑销售时已经被伤得体无完肤，还有什么比这更难以接受的呢？我就是要看看，我究竟能不能做成。”

我觉得，看一个人，未必仅看他功成名就、春风得意之时，而更应看他身处逆境时是怎样艰难跋涉的。执拗如黎勇，和命运死磕，磕出来的是璀璨人生，是源源不断的财富。

第三章

要让未来的你，不讨厌现在的自己

当你的人生诚惶诚恐，当未来的你讨厌现在的自己，至少说明你已经度过一段不如意抑或经历过一些失败。我们只有把握好自己的每一个决定，走好人生的每一步，才能让自己的人生不纠结，才能让自己在明天依然能够昂首阔步，让自己一如既往地爱自己！

不服输，就有赢到最后的希望

1

我经常给孩子读故事。有时候，读故事不仅是给孩子听，也是给自己听。像昨晚的故事就让我感慨颇多。

故事的情节很老套，大意是：

有一只小木偶非常羡慕我们人类可以到处走动，可以看到不同的风景，可以品尝各类美味佳肴。在自己生日的那天，它就向女巫许愿，希望自己也能够变成一个有血有肉、活蹦乱跳的人。

森林深处有一个红鼻子女巫听到了它的祷告，于是决定帮助它，但是究竟能不能成为人，关键还在于小木偶自己。原来，女巫只能让它拥有人类的表情，小木偶要想变成真正的人还要通过严酷的考验。

“在森林深处有一间我一手创办的魔法学校，如果你能够从这所学校毕业，那么你就能够成为真正的小孩。但是，我不得不提醒你，要从魔法学校毕业你会吃很多苦，这样你还愿意吗？”红鼻子女巫郑重地告诉小木偶。

小木偶低下头沉思了一会儿，抬起头坚定地说：“为了变成真正的小孩，吃再多的苦我都愿意。”

听到它的回答，红鼻子女巫满意地笑了笑，接着说：“好吧，既然你这么坚持，那你跟我走吧！”

红鼻子女巫把小木偶带到了魔法学校。魔法学校是一座堂皇华丽而又复古的城堡，里面的各种设施应有尽有。小木偶走进学校，就听到了孩子们朗朗的读书声，有的在对着大树背诵魔法口诀，有的在与伙伴们交流学习心得，有的在玩魔法游戏……

“可是，我应该从哪里学起呢？”小木偶简直看呆了，回过神来它着急地问。

“在城堡的顶部有一个用来接雨水和露水的大水池，这个大水池能够装下一百桶水，学员们每天使用的水都要从这里取。城堡的后面也有一个大水池，你要将城堡顶部的水挑到城堡后面的大水池里，这样别人使用水就非常方便了。但是要记住，你必须每天在日落之前将城堡后面的水池挑满。”

“这样岂不是很累？”小木偶刚想问，一眨眼，女巫就不见了，只留下一条扁担和两只水桶。

得不到回答，小木偶只好开始挑水。

从城堡后面到城堡顶部有八八六十四个台阶，小木偶挑着两个空桶没过多久就到了城堡顶部。它打了满满的两桶水，然后挑起来一步一个台阶地走到了城堡后面，并将水倒了进去。

过了一会儿，小木偶就累得气喘吁吁，上气不接下气了。这时，烈日当空，小木偶觉得自己的身体都快被烤得燃烧了。它一屁股坐在台阶上，看着高高的太阳，满是失望地自言自语道："什么时候才能挑满水池啊，我都快累死了！"

一瞬间，小木偶想要放弃，可是想到只有吃得了这个苦自己才能从学校毕业，成为真正的人，它立刻对自己说："不，我不能就这么认输。"

于是，它不服输地又站起来继续挑水。功夫不负有心人，它终于在日落之前将城堡后面的水池挑满了。

一晃，小木偶已经坚持挑了两个月，每天都在日落之前将水池挑满。到了第三个月的第一天，红鼻子女巫出现了。

女巫对它说："你每天都挑满了水，考验通过了。接下来你可以开始学习魔法了。"

小木偶十分激动，它开心地跳了起来。就这样，小木偶开始了魔法学习的旅程。三年后，小木偶终于从魔法学校毕业了。毕业那天，女巫按照约定来到小木偶的毕业典礼，等到典礼完成之后，小木偶立刻就变成了人。

看到小木偶变成人的一刹那，我一个大老爷们居然也会心一笑，衷心为小木偶实现自己的愿望而高兴。当时我就在想，生活中有多少人，连小木偶也比不上。

不是吗？很小的时候，我们都有着这样或者那样的梦想，有人牢牢记住了，并且为之而奋斗。有人却当成儿时的笑话，一笑而过。其实，轻易地放弃自己的初衷，意味着对自己的不负责任。只要不服输，不放弃，总有赢到最后的希望。

2

话虽然说得很轻松，但要实现起来远不是那么容易。

有人这样形容北上广的生活：北上广容不下肉身，三四线容不下灵魂。其实，不管选择在哪里生活，都离不开小木偶一样不服输的底气。

珠珠刚毕业时，对未来信心满满，她居住的房间里，满满的励志标语。在她看来，有志者事竟成，在北京混出点样儿来并不难。

没想到，跌跌爬爬中滚打了已五年，她悲哀地发现，即使自己每天加班加点，收入永远追不上蹭蹭上涨的房价；更可悲的是，即使再过五年，要想在北京安居乐业，吃穿不愁，也是不可能的。

“算了，我是看明白了，”她一脸颓废，语气低沉地对朋友说，“北京真让我逃离不甘心，留下很闹心。不甘心和闹心相比，我还是选择逃离吧！不服输了好几年，还是不温不火，看不到锦绣未来。”

没多久，珠珠便回到了生养她的小城市。

大家以为回归对她来说也算是不错的选择，没想到，现在的她，却时常抱怨：

老家的同事朋友们每天跟我聊的是哪家网站奶粉尿不湿有跳楼价，谁家的孩子报了某某兴趣班，谁家的婆婆不讲理，谁的老公又在外拈花惹草勾搭小三……

生活里，无休无止的鸡毛蒜皮。

最近的一通电话里，她不无遗憾地说：真怀念在北京的那些日子，有志气，有理想，有希望，永远蓬勃向上，元气满满，真的有点后悔离开北京了。

姑娘啊，人总要学会为自己的行为买单。当时服输，但你不能真的认输，毕竟，生活向前，日子照过。

也许，北京这座城市可以滋养她的灵魂，但生养她的小城却更适合她安身立命。读到这里，也许大家都想问她一句：如果还能重新选择，你还有重走那段人生路的勇气吗？

说到“不服输”三个字，一凡是当之无愧的。

一凡在北京拥有一份属于自己的事业，对一个女孩子来说，这着实不易。她经常说，她能有今天的一切，靠的就是三个字：不服输。

毕业刚工作的时候，一凡有一个已经谈婚论嫁的男朋友，但是没多久，两人就分手了。她头脑一热就辞掉了手头的工作，拖着行李箱连夜离开了刚刚奋斗半年的北京。

她离开北京后在好几个城市工作过，但都不太如意。后来，她再次回到北京。一开始，她在一家房产中介上班，但是干了不到两个月，公司就因种种原因陷入了经济危机，也就是说，她还没有拿到一分钱就失业了。

眼看着银行账户上的钱一点点变少，苛刻的房东又一直催交房租，她急得直跺脚。生性好强的她不愿意啃老，不愿意四处举债。交完房租，她的账户上只剩不到100元。

实在走投无路，她只好硬着头皮去找前男友。

“你应该搞搞清楚，我们都已经分手了，你的事，与我何干？”一见她，前男友冷冰冰地说道。

她苦笑说，就是那一天，觉得走投无路的她哭了有史以来最伤心的一次。

后来一位朋友帮助了她，对她说：“别服输，在你觉得走投无路的时候，往往就是峰回路转的时候。”

“我当时万念俱灰，根本不相信有什么峰回路转。但是，他劝我别服输的话我倒是牢牢记住了。”

人就是这样，没事的时候什么也记不住，往往最绝望的时候更能对一些看似平常的事情铭心刻骨。

后来，她的经历验证了朋友的话无比正确。凭着不服输的劲儿，她在北京过上了自己想要的生活。

是的，人生哪有那么多万劫不复？真有绝境，硬撑死磕，也是一条出路。

你现在的格局决定未来的结局

有一次，和几个朋友一起喝茶，兴致正浓时，一个朋友没头没脑地问一句：

“天天都说格局，可到底什么是格局呢？我这些朋友里，就你文化高，倒是给我说道说道呗！”

“这——”

冷不丁被他这么一问，我竟一时语塞，不知该如何作答。但朋友如此看得起我，总不至于一言不发吧？脑海里经过一番词语重组，我故作轻松地回答说：

“这么给你说吧，人要想发展成功，除了智商、情商等因素外，还需要有大格局。换句话说，就是想要成功，必须要有大眼界，要有胸襟和胆识。”

“对，就是这样。”朋友拍案叫好。

很显然，他对我的回答很满意。说到格局，我就想起一个老掉

牙的故事，故事虽然老套，但很能说明问题：

三个工人在工地砌墙，有人问他们在做什么？第一个人没好气地说："砌墙，难道你没看到吗？"第二个人笑笑回答说："我们在盖一幢高楼。"第三个人笑容满面："我们正在建一座新城市。"10年后，见真章的时候到了：第一个人仍在砌墙，第二个人成了工程师，而第三个人，是前两个人的老板。

最近网上"格局 = 成功，计较 = 坟墓"这句话很流行，我也很喜欢这句话。为什么呢？因为这句话很好地诠释了格局和人生之间的关系。对于二三十岁的年轻人来说，明白这句话尤为重要。

有一句话说得好，你的心有多宽，你的舞台就有多大。但是在我看来，这句话应该有个前提条件，那就是：你的格局有多大，你的心才能有多宽！

我有一个堂弟，很不喜欢读书，在他眼中，读书是最无聊的事情，他的愿望就是早点离开学校，投身社会打工赚钱。在学校里，他与人争强斗狠，到处惹是生非，高中读一半就因为打架辍学回家。

不读书的日子总是很自由，刚好村子里有从外面打工回来的人，听他们说起外面的花花世界，他更加羡慕了，便跟着朋友去了南方打工。一开始在车间做工，后来嫌工作辛苦又枯燥，就想着自己创业。家里没有多余的钱给他做本钱，他干脆就去天桥摆地摊，摆地摊也不容易，为这好几次被城管抓住，简直是血本无归。

摸爬滚打了一年多，他终于认识到了世事不如自己想象的那样，这才想起静下心来重新规划自己的人生，报名去技校，想学电工以一技傍身。

记得他走的那年，与我聊了很久，他说自己很后悔当初以为读书没用，没有用心学习，还天真地以为别人读那么多书也不过是为了赚钱，既然都是赚钱，何必还辛苦读书呢？

可是，虽然都是赚钱，但站着赚钱和跪着赚钱又何止差了一点点？

再大的烙饼也大不过烙它的锅。我们所希望的未来就好像这张大饼一样，是否能烙出满意的“大饼”，完全取决于烙它的那口“锅”。这就是“格局”。

一直以来，人们对有格局的人总是充满欣赏。

最近一两年，电视荧幕上最火的人，董卿当之无愧。随着《中国诗词大会》《朗读者》的收视率一路飙升飘红，说起董卿，浮现在人们脑海中的词语恐怕早已不是“美女主持”“央视一姐”，而是“美人当以玉为骨，雪为肤；最重要的，诗词为心”。

她敢于放弃带给她无数荣耀的中央电视台而去南加州大学进修，就是因为她不循旧路，感觉自己有更长的路要走。

归国后的董卿以制作人兼主持人的身份策划并主持了《朗读者》

这档文化类节目。董卿曾说："这两年，我哭的次数比我过去十年加起来还要多。"她说的"这两年"，正是《朗读者》诞生的过程。

节目一开始并不被大家所看好，但节目播出后，各大城市铺设的朗读亭甚至有人不惜排9个小时的队，只是为了认认真真读一段对其特别有意义的书籍。许多人都禁不住赞叹，董卿这个有格局的女子已经漂亮地完成了她事业的转型之路。

格局决定结局，对于人生这盘棋来说，我们第一要做的不是技巧，而是境界与布局。

掌控的是手机，失控的是人生

1

“唉——，没有手机的日子，感觉整个世界都在离我远去。”公司茶水间里，因为晚起赶时间上班而忘记带手机的猛子仰天长叹。

他的话让我想起前几天在贴吧里看到的一句话：

“世界上最遥远的距离不是天涯海角，而是我在你身边，你却在玩手机。”应该说，这句话正是时下很多“手机控”的真实写照。

不知大家有没有发现，我们的日常生活渐渐变成了这样：

早上醒来第一件事一定是习惯性地拿出手机；

吃早饭时也是一心二用，边吃早饭边刷朋友圈或微博；

地铁上打开手机看新闻；

工作的八小时里，电脑和手机与我们形影不离；

工作间隙还不忘手机网上购物；

全天候交友、聊天；随时随地收发短信、邮件；晚上聚餐拍照、晒图；睡觉前不刷遍朋友圈，不玩会手机游戏根本无法入眠；为追一部热门电视剧，我们常常无法自制地看到凌晨三点半……

以上行为，你有没有和我一样中枪？

不容否认，现在的手机越来越“懂我”，简直就像“贴身秘书”一样，让我难以舍弃。开车不知道路，打开地图，导航自会带我去目的地，而且拥堵路段、红绿灯、收费情况清清楚楚；聚餐不知何处去，打开百度糯米，餐厅位置、用餐评价、特色菜品应有尽有……

不管工作还是生活，手机须臾不离，甚至一会儿听不见手机响，就如坐针毡，觉得少了点什么。

前一段时间，我也紧跟潮流和很多年轻小伙子一样玩起了《王者荣耀》的游戏，坦白说，一进入游戏，我就有种欲罢不能的感觉，根本觉察不到时间在流逝。但渐渐地，越来越干涩的眼睛和越发僵硬的身体不停地向我发出抗议；更可悲的是，我发现手机已经成功地“绑架”了我的生活，游戏、电视剧和各种娱乐八卦占用了我大量思考的时间，我的大脑慢慢变得迟钝起来，注意力难以集中，做事情也很难像以前那样专注……

最糟糕的是，我的心情也越来越坏。

可能大家都和我有一样的感觉，生活圈子越来越小，在微信上聊得很开心的朋友们越来越多，可是想找人说说心里话时，却一个都约不出来；睡前总是带着悔意告诉自己明天一定要和手机保持距离，可是第二天照旧抱着手机不撒手，因为我无法舍弃手机带来的欢愉，因此深陷其中不可自拔。

于是，我们因为玩手机变得不开心，因为不开心，所以要玩手机，如此恶性循环，无休无止。

虽然我们深知总玩手机的各种坏处，却又总是控制不住自己。

工作一整天，明明精疲力竭想好好休息，但仍然麻木地点击屏幕，翻看一个个公众号，打开一个又一个 App，连自己都不明白为什么要这样做。

就这样，时间悄然流逝。书房里，从手机上秒杀回来的书仍安静又落寞，直至落满灰尘，始终不曾翻阅。

是啊！手机，一种最能剥夺自由的工具，却总被我们渲染成“让你自由自在，随时保持联系”的好东西。

就是这种我们眼中的好东西，让我们花了太多时间消耗在那无意义的时空中，这很糟糕；多年以后，当我们回首往事，除了玩手机，发现让人值得记忆的事情屈指可数，这未免让人难过。

于是我决定，及时止损。

我试着不将手机带上餐桌；睡觉之前，一定将手机放在别的房间；工作之外，把手机远远地抛在脑后。我强迫自己停下来，习惯没有手机的生活。真真切切地活在当下，感受当下，醉心于食物的味道，认真聆听宝贝说的每一句话……

一段时间之后，我发现，没有手机的生活也挺好。

2

曾经的大学同学萧飞，在大家眼中，他一直是个另类。

我们读大学的时候手机还不是智能的，微信也还没有兴起，我们交友全靠手机短信和 QQ。当时手机上的游戏远不如现在那样花样翻新，无外乎就是推箱子、大鱼吃小鱼、贪吃蛇等，但就是这样的游戏已经让我们乐此不疲。尤其是 QQ 聊天，我们更是日以继夜，通宵达旦。谁要是来一段网恋，在同学中简直就是传奇。

之所以说萧飞另类，是因为他虽然也玩手机，也玩游戏，但他从来都不缺乏说不玩就不玩的果断与勇气。

从刚进学校我认识他起，他就告诉我他的目标是做学术研究。所以，每天除了正常课业之外，就是泡图书馆，上自习，或者参加学校里的各种社团活动。总之，我们很少在网上碰到他。大学四年来，他的成绩总是遥遥领先。

毕业好多年了，他偶尔会在班级群里说说话，有人问起他的情况我们才知道，他现在真的已经是博士了，并且还在我们当初的学校给本科生代课。

他能取得这样的成绩没有人会怀疑，因为在我们眼中，他一直都是优秀的代名词。

我曾问过他一个问题：我们宿舍的男生都爱聊QQ，你怎么就不爱聊呢？

“我当然也喜欢，甚至一度沉迷其中。但也就是因为太欲罢不能了，所以我后来坚决不让自己碰QQ。我对一切会诱惑我的东西都抱警惕的心理。”当时，他的回答简直惊掉我的下巴。

事实上，他并没有因为少玩一点游戏或者少网恋一次而错过任何东西，相反，因为他的克己自律，他的生活变成了自己想要的样子。

上周周末，我到通州印刷厂去谈项目。刚到厂长办公室，我就看到一位二十七八岁的、胖得有点离谱的男子，仰面朝天，眯缝着眼，躺在办公室的沙发上玩手机。

我想，这大概就是传说中的“葛优瘫”吧！

“呀！是你，蔡哥。我是猴精啊！”看到我进去，他抬了抬眼，四目对视的一瞬间，他猛地一拍大腿，嚷嚷着站了起来。

“什么猴精？什么意思，我们认识吗？”看看办公室没有别人，我才确定对方是在和我说话。

“猴精，我是猴精啊！这绰号还是你给我起的呢！”眼前的胖子急急地辩白道，“怎么，你不记得我了？我们是高中同学啊！”

他这么一说，我想起来了。他本来叫侯经，因为总是调皮捣蛋的缘故，我便给他起了个“猴精”的绰号。后来不知怎么回事，这个绰号居然在同学中广泛流传开来。不过，高中时候的他眉清目秀，浑身透着一股机灵劲，我实在不能把高中时候的他和现在的他联系起来。

正说话间，厂长进来了，我便和厂长交涉新书的印刷事宜，没顾得上他。

“哎呀！白老板，咱们这里的WIFI密码是多少？我这月的流量超标了，不好意思，蹭蹭你们这里的网用用呗！”侯经凑过来，笑着说道。

白厂长摇摇头，有点不耐烦地给他写到了一张纸条上。可能是密码太过复杂，他几次都没有连接成功。

“怎么，看你的样子很着急啊？”看他的脸憋得通红，我问道。

“是，有点着急。”他一边点头，一边紧盯手机屏幕，“游戏马上就要通关了，我一定不能输啊！”

“原来如此！”我恍然大悟。

WIFI终于连上了，他安安静静地坐在一旁，手指飞舞，玩得十分入迷。

等我谈完印刷事宜，他的样子基本没动，如老僧入定一般。白厂长送我到大门口，我忍不住问起侯经的情况。

“嗨！这小子和我一个村的。考上大学后，拿着家里的血汗钱不是打游戏就是吃喝玩乐，到最后，毕业证都没拿到。后来也找过几份工作，每天就是在单位混混日子，一有时间就玩手游，没一点上进心，这样的人哪个单位敢要呢？”白厂长说道。

“那他现在……”

“这不，都快30岁的人了还没成家立业，家里人也没办法，就想着来我厂子里上上班。可是，你看他那副样子，哪有上班的样？我都不知道怎么才能送走这尊‘大佛’。”白厂长无奈地叹了叹气。

我回头看着他那成了一坨肉的身材和只剩下一条缝的眼睛，暗暗叹了一口气，这么好的年龄，整天迷恋这个，这样的人基本就没救了。

回公司的路上，我想起有人说过这样一句话：掌控的是手机，失控的是人生。如果一个成年人在对待手机这件事情上是失控的，那么很有可能，他的整个人生都是失控的。

有一家报纸，曾对全国60岁以上的老人进行了一次问卷调查，调查就问了一个很简单的问题：你最后悔什么？排在首位的是：近80%的人后悔年轻时努力不够，导致后半生庸庸碌碌、一事无成。

所以，别在最该奋斗的年纪，做个只会玩手机的胖子。衷心希望我们每一个人，既有前程可奔赴，又有岁月可回首。

年轻人，别让贫穷思维限制了你

“双 11”在即，办公室同事们的购物车里满满当当，大家茶余饭后的谈资也离不开我今天抢到了笔记本，或者他买的服装有多么划算。看到大家兴致高昂，一向不太网购的我，傻乎乎地问了一句：

“网上买东西真的能省那么多？”

“哎呀！你可太 low 了，不是我说你，你年纪也不算太大，别一天到晚老气横秋的，你不会告诉我，连网购都不会吧？”同事小秋看我的眼神就像看个外星人。

“与其说是省多少钱，倒不如说我们更享受花钱的感觉。”同事阿丹歪着脑袋，冷不丁冒出一句。

“对对，阿丹简直就是一语中的，我就是阿丹说的那样，一天不花钱就难受。这年头，不都说‘越爱花钱的人越有钱，越节省的人越穷’吗？最近我接快递都接到手软了。”听了阿丹的话，女同

事琳琳简直举双手赞成。

“看来，这月我又撑不到月底了。”乐乐看看付完款后手机来的银行信息，喟然长叹。

“谁说不是呢？过这个双 11，我三张信用卡都透支了。”

……

说着说着，原本热闹异常的气氛一下降到冰点。

听到这里，我不禁想问一句：

你的确拼尽全力努力花钱，只是你越来越有钱了吗？我看，不尽然。

28 岁的关关，在福州工作三年，月薪 7000，听起来，工资不多也不少，但是他基本上月月光，还时不时打电话给老爸，希望老爸能大发慈悲，伸出援助之手。

他老爸很疑惑，要是正常消费，以他的工资不会把日子过得紧巴巴的，可真要是兜里有，谁又会死乞白赖地找外援呢？

询问之余，他老爸才知道了事情的原委。

原来，看到身边的同事一个个都开上了小车，他也手痒眼红得紧，发誓不在一年内买车就誓不为人。

想买车，自己的钱差得远，于是，借钱就成了满足愿望的首选。买车之前，也有人告诉他：现在正是事业的上升期，借这么多钱买车，简直就是让自己陷进债务的深渊，很有可能几年都会被经济压力压得喘不过气。

在当时的他看来，越会花钱的人才越有钱。诚然，他并没有听从别人的劝告。

为了买车，他也算是拼了。他开了几张信用卡，找家人朋友凑了不少，再贷款一部分，总算入手了一辆白色雅阁，开起来别提多拉风了，一口气绕着福州的海滨大道跑了好几圈。每天开着小车上班，一时之间，风光无限。

“乐极生悲”这话当真不假，还没高兴几天，麻烦就来了，还信用卡、还车贷、还朋友以及每个月的各种开销，瞬间让他傻眼了：根本还不起啊，庞大的支出远远超过他的收入。

没钱怎么办？只好拆了东墙补西墙，看着自己堆起来的债务，他每日如坐针毡，惶惶不可终日。最后，他老爸也不愿意总是支援了，他是希望自己的儿子能早一天独立起来。

接下来的很长一段时间里，他都有一项很繁重的任务：还钱！没日没夜地还钱！不吃不喝地还钱！原本让他神气风光的雅阁变成了烫手的山芋。

“会花钱的人才会赚钱”这句话我也并不是全盘否定，有时候，适度焦虑确实能让人产生一定的紧迫感，将压力转化为动力，促使我们拼命工作，努力赚钱，但可悲的是，很多二三十岁的年轻人永远不懂得什么叫“适可而止”。

最近在知乎网上看到这样一句话，我很是赞同：这个社会只会教你如何买买买，但永远都不会教你，信用卡刷爆了该怎么还。

殊不知，“越爱花钱的人越有钱”是贫穷思维最大的骗局。在信奉这句话的人眼中，越节省的人越穷，只有铆足了劲，拼了命地花钱，钱才会源源不断。对于这一类人，作家葫芦僧早就给出了科学中肯的建议：作为一名工薪族，首先要尽可能提高收入，想方设法多开源，把本金这个雪球通过多种形式积累做大之后，再通过科学的规划慢慢滚大。

不过，必须注意的是，在变得有钱之前，一定要先学会合理消费，千万不要让信用卡的欠款越滚越多！

当然，我绝不是不提倡消费，反观一些人消费时斤斤计较，我更惊讶于贫穷思维巨大的杀伤力。

那种根深蒂固的贫困思维方式，其实并不可取。

前段时间，网上流传一个这样的帖子。

一个女生控诉宿舍里另一个富有的女生，列举的不满主要是：“大一时就用着苹果电脑和苹果手机，简直就是在炫富；男友开着车来接她，真是不要脸；去大商场购物后，微信里晒的都是各种名牌产品的购物袋，生怕我们不知道；花钱如流水，一件衣服的价钱都赶上我们半年的生活费了……”

事实上，这样的例子比比皆是：要是有年轻姑娘开辆玛莎拉蒂保时捷，就会有人说她是小三或是富二代；某位明星一夜蹿红，就会有人说她被某某导演潜规则……

总之，穷人看富人什么都不顺眼，似乎成了天经地义的事情。这位正在上大学的姑娘，或许不曾想过，毕业之后，她会遇到更多更富有的人，甚至会是之前不如你的同学，那日子还怎么过？殊不知，年轻姑娘价值不菲的坐骑或许是她日日夜夜奋斗的结果；一夜蹿红的明星背后有着不为人知的艰辛……

有人说，贫穷总是很容易让一个人的眼光变得倾斜，但贫穷也很容易塑造一个人。关键是不要沉浸在贫困之中，别被贫困思维限制今后的发展。须知，摆脱贫困唯一的方法就是学习与行动，这比什么都重要。

不要让拖延成为你前进路上的障碍

1

“大家今天上班可要小心点，咱家大掌柜又大发雷霆了。”刚进公司，就听到小玲的“警告”。

“可不是大发雷霆这么简单，我看掌柜这回又要‘咔嚓’人了才是。”同事沫沫边说还边做了一个杀头的动作。

大家正要打听发生了什么事，就听到经理办公室传来一阵咆哮：

“下周再完成？你干脆说明年再完成岂不是时间更充足？”经理气得不知把什么甩到了地板上，“限你两天之内把样刊的内容全部完成，否则卷铺盖走人！”

共事好几年，经理的脾气大家是知道的。他最不喜欢的就是员工在工作的事情上有任何拖延。向来办事雷厉风行的他在这个季度已经因为拖延的缘故开除好几个人了。

看到被骂的同事战战兢兢的样子，也有人表示理解老板的做法。因为，不管什么事情，到了这位同事手里，总是要比大家的进度慢半拍。

每次开会，老板总会朗诵般地给我们来上一段：要想在有限的时间内完成任务，就需要我们紧紧抓住每一分每一秒。我要你们高效率地工作，要你们比别人更出色，要做到我的要求，就需要你们比别人先走一步，赶在别人前面，这样才能抢占制高点和制胜的先机。

一开始，大家听他这些话感觉满血复活，时间一长，也就习以为常了。其实，仔细想想，老板的这一习惯论调也不无道理。

这不禁让我想起装订厂的李老板，他也经常唾沫星子横飞地对手下的工人慷慨陈词：企业要想在市场中立足，速度是制胜的法宝；工作中，做事拖延的人一定会拖后腿。拖后腿，我要你干嘛！

看来，在每一位老板眼中，拖拖拉拉都被深恶痛绝。

我看过科顿写的一首关于拖延的现代诗，觉得挺有趣："明天？你是说明天？我不要听。明天是个一毛不拔的吝啬鬼，它用虚假的许诺、期待和希望，大量剥削你的财富。它开给你的是永远无法兑现的空头支票。在亘古不变的时间长河中，明天是个永远都找它不到的狡猾家伙，只有傻瓜才会对它念念不忘、情有独钟。"

春节联欢晚会上一曲《时间都去哪儿了》唱哭了很多人。刚一听到这首歌，我也被歌词所感染，尤其是那句：时间都去哪儿了，还没好好感受年轻就老了。

我发现，朋友聚在一起聊天，总是感叹时光的流逝，岁月的无情；我们总是在失去时开始追忆，在错过后开始后悔。于是我们就在不断地自责与悔恨中反复品尝遗憾与苦果。

有一个叫张震的小伙子，人不错，但就是做事总是磨磨唧唧、拖泥带水。

他名牌大学毕业，性格活泼、善于言辞，对未来充满了幻想，但由于工作竞争压力和所学专业的原因，花费了好几个月的时间也没能找到一份自己满意的工作。刚好，有一个公司缺一名行政助理，一个朋友就介绍他去了。

没做多久，他就打电话向朋友抱怨，每天繁杂、琐碎的工作让他感到厌倦，觉得自己堂堂一个名牌大学生做这些工作简直就是在浪费时间。

打完电话的当天，张震就递交了辞职信。辞职后他又在图书公司做编辑。编辑做了一段时间，他也觉得不是自己想要的。不多久，他又萌生了考会计资格证的念头。在他看来，当会计不仅挣钱多，而且稳定。

打定主意后，他很快就在网上报了名，报过名之后又开始买书，在网上下载考试资料，等一切准备就绪后，他就开始等待11

月考试的到来。

做图书编辑工作虽然不合心意，但也需要这份薪水来应付房租、吃饭以及各种应酬，所以他边上班边准备考试。他原计划每天下班后看两个小时的书，等考试时书也就差不多能看完了。

计划永远赶不上变化，第一天晚上，他刚看了两页书就看不下去了。此后的几天，这种情况一直没有改善。他并不在意，觉得距离考试还有两个月时间，下周再看也不迟。

就这样，一周又一周，他迟迟不能进入看书的状态。很快，距离考试只有一个月了，但这丝毫没有引起他的重视，得知他的情况后，我有意提醒，他轻描淡写地告诉我："反正还有 30 天，最后找点时间突击说不定效果更好，热炒热卖嘛。"

等到他刚刚拿起书本的时候，又恰好赶上国庆假期公司组织员工外出旅游，他看书的计划又一次被打乱了。等到旅游回来之后，看着崭新的几本会计资格证考试用书，终于意识到一切都已经来不及了。

虽然已经报了名，他却连进考场的勇气都没有。没有底气又何来勇气呢？

习惯于磨叽的他至今也没有什么起色。

2

最近，我一直在看比尔·盖茨的《拥抱未来》一书。

他在书的最后总结道：“在20世纪末，全世界的企业，全世界的产业都集中在一个叫企业重组的理念上，这个理念10年不衰。21世纪的时候，最为关键的用语不再是企业重组了，而是与生存相关的词——速度。我们要非常清楚地看到，一个能够继续生存，而且将来能基业长青的赢家，其制胜法宝就是速度。没有速度，企业和个人就没业绩可言，也就没有了核心竞争力。”

是啊！就像前面所讲的那位同事，如果他做事的态度不改变，拖累的不仅是自己，还有他所在的团队或者说整个公司。

说到这里，我想起朋友公司发生过这样一件事情。

朋友公司的老板要去国外出差，并且要在一个非常重要的国际性商务会谈上阐述公司理念。为这事，他身边的几名工作人员忙得晕头转向，因为他们必须要把老板去国外出差所需的各种物件都准备妥当，其中包括一份演讲稿。

就在朋友的老板即将出发的那天早上，各个部门的主管一起前来送机，其中也包括我那位朋友。朋友询问另一个部门主管说：“你负责的演讲稿带上了吗？”

“啊？演讲稿？”被询问的主管睡眼惺忪，一脸蒙圈的表情，“昨晚熬夜太晚了，忍不住睡着了。演讲稿的事情被我忘记了。”

“老板千叮万嘱，你怎么能忘呢？”

“我负责的文件都是用英文所写，你不是说老板不懂英文吗？

他没事，我回去就立刻准备，我保证，在飞机落地之前，我就能把演讲稿传到老板的邮箱里。放心，妥妥的。”那名主管自以为聪明地拍拍胸脯说道。

话音刚落，老板来到机场，他一步上前，伸手就向那名主管要演讲资料。

刚才还信心满满的主管一下变成了霜打的茄子，只得低着头把自己刚才的想法告诉老板。

“交给你的任务为什么不按时完成？”老板勃然大怒，“我原计划利用在飞机上的时间再研究一下。现在你让我拿什么研究？”

昨天，在和我朋友吃饭的时候，他告诉我：

“你不知道，我那位哥们儿惨极了，老板回国后的第一件事就是以给公司带来重大损失为由将他开了。好不容易才混到主管啊！”

没什么好遗憾的，还是那个字“该”！

之所以说他“该”，是因为被辞退的主管不懂得“老板永远不会等你”的至理名言。特别是在快节奏的今天，拖延就意味着损失，意味着你工作的松垮和懈怠。

前几天在校友群里聊天。张洋向我吐槽，自己毕业五六年的存款还比不上王寒一年赚的钱多。

我当时很想说：有这样的差距有什么奇怪的呢？我清楚地记得

在学校的时候，你说王寒最多的一句就是“每天活得跟打了鸡血一样，哥们儿你累不累啊？”

王寒大学攻读的是法律系，如今已经是石家庄一名颇有名气的律师。每天都有数不清的官司要办理，他不仅赚得盆满钵满，还有一个温馨的家庭，妻子知书达理，貌美如花，儿子活泼可爱。

再看看张洋自己，毕业五六年，不仅没有固定的工作，而且至今独身一人。因为每月只能领到很少的薪水，所以即使他省吃俭用，也就有不到10万的存款。

更为严重的是，当王寒在群里和一些同学聊职业规划、出国旅游、房子车子等现实的东西时，他一句话也插不上。

其实，张洋刚走出校门的时候，也非常认真地规划过自己的职业生涯，想着积累几年经验后就单独创业或去更大的外企谋发展。

而他如今对现状的不满恰恰都是因为他当时的拖延造成的。

一开始，他为了生存，不得不勉强找一份工作凑合着。记得刚工作一年的时候，他还有跳槽的念头，当时也刚好有一家公司向他抛出橄榄枝，但公司要求，必须用中英文准备一份简历。但是张洋不喜欢麻烦就一直拖着，直到那家公司已经找到别的合适人选。再后来，他也曾有过几次跳槽的机会，后来都因为自己的懒惰而不了了之。

一次，一家招聘单位为了考察张洋撰写策划案的能力，要求他回去做一个策划案再来面试。在张洋看来，这都是很麻烦的事，即使做好策划案也不一定就被录取，干脆就那么一直拖着。毫无疑问，他又一次错失了跳槽的好机会。张洋就这样从当时的职场“菜鸟”熬成了“老油条”。

“我也不知道为什么会这样，对公司业务流程越熟悉，我就越来越得过且过。”张洋很困惑，末了，还说一句，“也不知这些年，时间都去哪儿了？”

这句话像是说给我听，更像是自言自语对自己一事无成的拷问。

李宗盛有一首《给自己的歌》很适合张洋。歌中唱道：“等你发现时间是贼了，它早已偷光你的选择。”

当别人的人生已经改天换地，你却还在磨磨唧唧和所谓的拖延作斗争，这世间虽没有什么绝对的公平，但须相信，付出才有收获是真理。

不忘初心，你想要的世界终将给你

“喂！听说了吗？今年公司年度大会要重赏业绩突出的员工呢！”

“是吗？离年度大会还有好几个月时间，咱们好好努力，说不定也能榜上有名。”

“公司这么早就放出消息，一定是想让我们公平竞争。这机会我可不能放过。”

“公司那么多人，这好事凭什么让我们遇上？”

“也是，‘命里有时终须有，命里无时莫强求’，僧多粥少，我才不费那劲呢！”

……

工作的间隙，我喜欢到楼下的咖啡厅放松自己。

轻柔舒缓的音乐，几本散发墨香的杂志，一杯温暖的蓝山咖啡，总能让我在最短的时间里放松紧绷的神经。就在这间香气缭绕的A座咖啡厅里，我无意间听到了C座公司几个小姑娘的谈话。

谈话的内容很简单，就是公司要奖赏业绩最好的员工。

本来只是很平常的一件小事，不过，我却被那句“命里有时终须有，命里无时莫强求”触动心弦。

这是很多人信奉的一句话。他们觉得是自己的别人抢也抢不走，不是自己的，抢来了也会消失不见。试想：果真如此吗？目标就在那里，你不过去，难道目标会主动来找你吗？

爱好写作的千羽在一家杂志社任职，不同于波澜壮阔，她写的文章总能带给人一种舒服、心静的感觉，对于这一点，经理非常欣赏。最近一段时间，经理交给她一项工作：负责新一期的时装版块，专门为当年流行的时装写评论。

身为女性，对于衣着自然有一定的研究，但千羽对时装的研究仅限于知道今年流行什么样式，对于深一层的东西并不知晓。针对这一点，经理建议她到商场、服装城去做一下市场调研。

千羽性格腼腆，不善与人交流，让她做调研，着实为难她了。

怀着惴惴不安的心，千羽硬着头皮到了一家服装城。看着眼前一家挨着一家的店面，她站在过道里，不知怎么与这些卖家沟通，如何才能让卖家对自己没有戒备心理呢？她心里没谱。

“你不知道，当我好不容易有勇气走进一家服装店时，不知老板怎么那么猴精，一下就看出我不是买衣服的。很不友善地就将我轰了出去。”千羽边笑边说，“我那时觉得自己根本就不可能完成经理交给我的任务。”

“那后来呢？”一位同事饶有兴致地看着笑得没心没肺的千羽。

“当时，我实在没有勇气进入第二家，干脆就坐在休闲椅上，想着该如何向经理解释。想着想着，觉得就这样放弃实在太没出息了，还没努力就把自己否定了，将来一定会后悔的。于是就收拾好心情，准备好需要问的问题，不断在心里给自己加油，深吸一口气，就走入了第二家、第三家……”

“结果呢？”

“虽然还是有些商家不愿配合，但总算还是收集了一些对自己较有用的信息。”

后来的事情大家应该能知道。回去后，她将收集到的资料进行了汇总，有了这些资料做辅助，她在做杂志的时装专题时就得心应手，游刃有余了。

“幸亏我没有放弃，看来之前的辛苦都是值得的。”升职的那一天，站在人群中的千羽笑得像个孩子。

现实中有不少人，在没有做一件事之前，都不相信自己可以做好，或是一遇到阻碍就退缩，结果，事情没办好，心情也变得更加糟糕。

其实“胆子都是练出来的”。

当我们第一次对自己说“不可能”，那么，下次还是“不可能”，而一旦克服心理障碍做到了，那么，下次同样的境遇，对我们来说就轻而易举了。因此，不要轻易对自己说“不可能”。只要不忘初心，相信自己，就一定能得偿所愿。

第四章

退路，是留给失败者的借口

退路会让你的人生进入蜗壳。实际上，退路是上帝留给失败者的美丽借口，当你斩断退路，当你没有了退路，你就会不再退缩，你就会向着成功进发。

让自己的人生没有退路，拼吧

1.

一天，朋友小军打电话约我。

“完了，完了，我的人生好像已经没有退路了。前几天刚刚失业，今天女朋友又和我分手。真是祸不单行啊！”一见面，小军就声音沙哑地说道。

“只是失业而已，你可以找一份更好的工作嘛！至于感情，能挽回最好，挽回不了也不必勉强，可以再开始一段新的感情嘛。”我给小军的安慰有些轻描淡写。

“你难道不觉得我已经濒临绝境了吗？我都是奔三的人了，重新开始新的感情，哪有那么容易？我感觉我的生活一团糟。”小军的眼睛里充满忧郁……

一下子，我竟然不知道给他说什么好了。事实上，我们每个人都会遇到不同的难题。有些时候，不给自己留后路，就是解决这些难题的最好方法。只有身处绝望，才能够置之死地而后生。这让我想起了 2013 年的 NBA 总决赛。

2013 年的 NBA 总决赛可谓一波三折，惊心动魄。在 7 场比赛的赛制中，热火队在总比分上三度落后，就在几乎所有人都认为他们必输无疑的时候，热火队最终在第六场比赛中依靠勒布朗·詹姆斯的 3 双战绩以及雷·阿伦在比赛的最后时刻投出的救命 3 分为热火队绝地翻盘，就这样，困境中的他们奇迹般地将总比分扳平至 3 比 3。

“请问，你们是如何面对当时所处的困境呢？要知道，是你们最后的爆发创造了奇迹啊！”事后，有记者这样向詹姆斯提问。

“我知道，我们已经无路可退了，输掉这一场，一切都将结束，所以我必须拼尽全力，哪怕不能挽回败局。”

后来，队员们满腔热血、坚持不懈地追赶，NBA 总决赛进入抢七大战当中，场面惊心动魄，扣人心弦，还多次出现战平的情况。但好在，热火队在詹姆斯和韦德的带领下击败马刺，成功夺得 2013 年 NBA 总冠军，成为值得载入史册的两连冠霸主。

热火队在对手马刺手握两个赛点的境况下，依旧能够上演绝地反击的戏码，不得不说热火队所有的球员拥有很强的抗压力。

就在所有人都关注他们精湛的球技和良好团队协作力的时候，我却暗暗地为他们的自信与坚持点赞。

他们所拥有的自信与坚持就是能够站在冠军领奖台上的资本。他们用这种方式告诉我们：当我们无路可退时，除了拼尽全力别无他法。热火队三巨头面临糟糕的结局不气馁，在绝境中纷纷找回自己的巅峰状态，最后时刻连赢两场绝杀马刺。

他们赢得何其漂亮！

我更愿意相信：无路可退也是生活的一种选择机制，关键看我们能不能经受逆境的考验，能够通过考验的人自然会赢得喝彩，走上成功的人生之路。因此，我们不难发现，无路可退常常成为人生的一个分水岭，有的人被绝境打垮，就此销声匿迹，毫无作为；有的人从绝境中涅槃重生，混得风生水起。

2

去年国庆节，我参加了一位朋友的婚礼。看着她一脸幸福地依偎在现任老公的身边，我说不出的高兴。

之所以用现任一词，因为她是离婚再嫁。

她是县城中学的一名老师，前夫是她的大学同学，都说校园恋情很难修成正果，但他们偏偏你侬我侬，硬是走进了婚姻的城。结婚没多久，她便怀上女儿，老公也很争气，考上了研究生。按理说，这是双喜临门的好事，但对她来说，这却是婚姻悲剧的开始。

原来，她老公在读研究生期间不甘寂寞，喜欢上了不仅有颜值有背景而且还很有情调的小师妹。通过对方家人的关系，他顺利在所在的城市找到了一份待遇很不错的工作。

对方姑娘很快就逼着结婚，没办法，他只好回来和她摊牌。她不答应，她不甘心就这样被爱了多年的男人抛弃，不想女儿还不到一岁就没了爸爸，其实，她更不想被别人冠上“离婚女人”和“单亲妈妈”的头衔。

她和所有的普通女人一样，一哭二闹三上吊。甚至她还用割手腕的方式试图挽回丈夫的心。尽管所有蹩脚的手段都用了一遍，她最终还是不得不接受现实：决心要走的男人，就像一夜爆发的感冒，看似突然而至，其实早有预谋。

刚离婚的那些日子里，我知道她非常难熬，不然，她也不会打电话给我这个远在千里之外的朋友。虽然帮不上什么忙，用她的话说就是“做她情绪的垃圾桶”。

听朋友说，她离婚后像变了一个人似的，整日浑浑噩噩，也不打扮自己。讲课也是频频出错，校方为此还给她放了一个月假调整心情。

后来，她也曾来电话告诉我，自己半夜被惊雷炸醒，刚伸出手想去拨通那一串烂熟于心的电话号码，才想起他已不是自己的老公，他的身边早已有了别人。

女儿重感冒发烧住院，她只好学校、家中、医院三头跑，累得双腿发软满嘴出泡，却不愿在人前流露半点心酸。

为了赚钱养家，给女儿提供良好的教育，她还利用学校寒暑假期，做了两份兼职。

从我认识她，我就知道她有胃病，自从离婚后，因为太过劳累，饮食不规律，她的胃病变得更加严重了。

“你有当老师的薪水，就不要太拼命了，女人嘛，还是要学会爱自己。”我曾这样在电话里告诉她。

“我感觉我的人生已经没有退路了，为了孩子，我得拼，不仅要拼，而且还要用尽全力。因为，我是妈妈。我不能因为自己的能力不足而耽误了孩子的梦想。”她这样回答我。

“看来，你真的走出离婚的阴影了。”

“嗨！人要走，留也难留。心要飞，追也难追。可惜这个道理我明白得太晚了。现在我知道了，除了向前走，我别无选择。只要够坚强，就没有什么所谓的绝望。”

现在，我的这位朋友在一路艰辛一路努力中，成了备受学生欢迎、领导器重的“优秀中学特级教师”。

她的女儿乐观开朗，勤学上进，成绩在班上数一数二，并没有受到他们离婚的影响。后来，她又慢慢收获了一段新感情。

当人生真的没有退路时，除了向前拼，我们又能做什么呢？我很佩服这位朋友，虽是柔弱之身，但愣是把自己炼成了金刚不坏之身。

在我看来，生活就是这样，自暴自弃只会更糟，只有努力拼搏，勇于向前，才能前程似锦。

习惯性逃避只能把自己带向平庸

“这不是我的错啊！这篇文章我反复校对过，谁知道排版人员是怎么弄的，很多错字都没有改正过来。”

“哎呀，这和我们排版的有什么关系？明明是校对得不仔细。”

“还真有你的，白纸黑字清清楚楚，你看我们可都是做好标注的，还想抵赖不成？”

“稿件交到我们手里的时候根本就没有痕迹。”

……

一次，我到一家文化公司签合同，恰好看到这样一幕。排版部门和校对部门吵得不可开交，互相推诿。其实，很多公司都有这样的问题。

二三十岁的我们，面试找工作时常常信誓旦旦地对别人说：“我是一个非常有责任心的人，我不甘做一个平庸的人。”可是，一旦自己的工作出现问题，往往首先考虑的恐怕不是自身的原因，而是习惯性地逃避问题，把责任归罪于他人，习惯了这种思维模式，你不想平庸都难。

不难而知，其实种种借口的背后都隐藏着一个非常简单的问题，就是缺乏个人责任感和对事业的一种冲劲。或许你会认为我的这种说法太过绝对，但你又不得不承认，事实好像真的就是这样。

工作和生活中，困惑与挫折我们无法避免，甚至会在一段时间内陷入某种茫然不知所措的困境中。但是，无论遇到什么样的问题，建议大家不要让自己习惯于逃避责任，丢失一种担当的品性，从而把自己带向平庸无为的深渊。

遇到事情就找借口是一种逃避，是对工作和生活不负责，更是对自己不负责。这种习惯找借口的人，他们有千奇百怪的理由推卸责任，似乎能言善辩，但最终只能眼睁睁看着别人一步步提高，一天天优秀，自己却始终原地打转，一天一天走向平庸。

有一个叫佳琪的大学生，他学的是计算机专业，刚一毕业就顺利通过面试进入了一家中型的IT公司工作，公司的业务主要是提供网站建设服务，同时也为其他公司提供电子商务平台产品。

最近，他和一家小公司谈业务，虽然已经通宵达旦地做了好几份方案，但依然得不到客户的肯定。

“这样挑剔的客户不合作也罢！”佳琪向我埋怨道，“我熬了好几个通宵，做了好几种方案，他们都没怎么仔细看，直接就给我否定了，你说气人不气人。”

“为什么不推翻以前的方案再重新做一份呢？要是就这么放弃不就前功尽弃了吗？那样太可惜了。”我虽然对他的业务一窍不通，但还是就事论事地提出自己的建议。

“懒得费事。”佳琪冷冰冰地回答一句。

很显然，佳琪并不打算照我说的做，他直接向经理汇报，并很明白地告诉经理，他准备放弃这个小客户，反正对公司而言，这样的小客户也影响不了大局。

经理让佳琪把那几份做好的方案拿过去，大致浏览了一下发现，这几份方案几乎没什么差别，只是细节的地方稍有改动。

“如果我没有猜错，你一定没有跟客户进行详细的交流，我一眼就能看出来，你这些方案做得大同小异。”

“这几天一直忙着跟大客户谈业务，对这个小客户就没有花费太多时间。”佳琪的回答理直气壮。

“那你有没有对这个公司的需求做过调研？哪怕只是简单了解。”经理又问。

“只是宣传网站而已嘛，有什么好调研的。再说，花太多时间在这种小公司上，实在没有必要，我们应该盯紧的是那些实力雄厚的大公司。”

“公司要合作什么样的对象不是你说了算，你只管做好手中的工作就好！”经理对佳琪这种工作态度十分生气，毫不客气地批评道，“遇到问题不想着怎么去解决，反倒为自己找借口开脱，你这样怎么能让客户满意？”

原本以为自己的说法能得到经理的表扬，没想到却被一通数落。佳琪对于经理的批评一肚子不服气，觉得自己并没有做错什么。不是吗？谁会傻到放着大单子不做而去应付小公司呢？

如果佳琪能把经理的这次批评当作教训，纠正工作态度，认真对待每一个客户，那么我想，他的职业生涯将会改写。可惜，他依旧如此，遇到问题喜欢逃避，不懂得从自身找问题。

没多久，就听到佳琪被公司辞退的消息。

佳琪被辞退我一点都不觉得意外，不做好本职工作，总是找各种各样的借口应付上级的询问，逃避责任，这样的人怎么可能继续留在公司呢？可以说，任何公司都喜欢行动力强，能完美执行任务的人，而不是擅长找借口的人。

著名作家纪伯伦的一段话很中肯：“我的心灵告诫我，它教我不要因一个赞颂而得意，不要因一个责难而忧伤。在心灵告诫我之前，我一直怀疑自己劳动的价值和品级，直到时日为它们派来一位褒扬者或诋毁者。可是现在我已明白，树木春天开花夏天结果并不企盼赞扬，秋天落叶冬天凋零并不害怕责难。”

年轻人须知，该担当的不要想着开溜。应当承认，受人责难的确不好受，但我们不必为此忧伤，另外，努力让自己少犯错误，但也别怕犯错。犯错不是一件可怕的事情，错了总结教训，勇于担当，不逃避才是。

差不多，是对自己的人生没有原则的宠溺

1

一直以来，我都很喜欢阅读胡适先生的作品。总觉得他的作品世事洞明，带给人无限启迪。周末再读一遍他写的《差不多先生传》，读罢掩卷闭目，若有所思。

书中，差不多先生常说的一句话是："凡事只要差不多就好了，何必太精明呢？"

有一天，他忽然得了急病，赶快叫家人去请东街的汪医生。家人急急忙忙地跑去，一时寻不着东街的汪大夫，却把西街的牛医王大夫请来了。

差不多先生病在床上，知道找错了人，但病情严重，身上痛苦，心里焦急，确实再也耽误不起，只好心里想道："王大夫和汪大夫也差不多，让他试试看罢。"

得到他的同意，这位牛医王大夫走近床前，用平常治牛的方子

给差不多先生治病。遗憾的是，没过多久，差不多先生就没命了。

就在差不多先生气若游丝的时候，他还断断续续地说道：“活人同死人也差……差……差不多……凡事只要……差……差……不多……就……好了……何……何……必……太……太认真呢？”

等他说完这句话，方才断气。

他死后，大家都称赞差不多先生样样事情看得破，想得通。大家都说他一生不肯较真，不肯算账，不肯计较，堪称一位有德行的人。于是大家给他取了一个法号，称他为圆通大师。

乍一看，我们可能只觉得这个故事好笑，但仔细想想，我们周围这种“差不多”的人何其多？

几年前，我到上海出差。上海有我的一位朋友，自他毕业后一直在上海工作，现在已经是分公司经理了，生活得很滋润，我也想趁出差的机会与他见见聊聊。

他知道我要来上海，早早就安排好行程。为了接我，还特意推掉了手中一部分工作。出机场后，他带我到锦江饭店用餐。看着金碧辉煌的锦江饭店，凭直觉，我也知道这里的消费一定低不了。虽说他薪水优渥、生活滋润，但也没有必要带我来这么豪华的地方。

“要不我们还是换个地方吧，我们都是老同学了，差不多吃点就好了嘛，这么高规格的地方，我受之有愧呢！”我有些不好意思地说道。

听了我的话，他并没有顺着我的意思，只是在服务员的带领下边向里走，边对我说：

“你可别觉得我臭显摆，我也不是打肿脸充胖子，到这地方来不管对你对我都有好处。”

“这话怎么说呢？”

“只有到这地方来，你才知道自己钱包的钱有多少，你才知道有钱人为什么来这种地方，你才会努力改变现状。”他很认真地告诉我，“如果你总去街边小摊吃，就永远不会有这种想法。我相信，有一天你我都能成为这里的常客。我们每个人都值得过更好的生活。”

他的话带给我极大的震撼。是啊！每个人都值得过更好的生活。但偏偏很多人就像差不多先生一样毁在了凡事“差不多”上。

很多时候，我们总是用“差不多”这个词来自我催眠，安慰自己努力无用，平凡可贵。其实，这只不过是给自己的懒惰和失败找一个适当的发泄口。

有些人之所以一直平凡，就是因为他总是将将就就，太容易囿于现状，挣取勉强温饱的薪资，原地踏步，舒适的状态待久了，便不思进取，浑浑噩噩。

一旦你选择了将就，你的人生也就变得不讲究。

2

有人说，同学会其实就是名利场，毕业后就不想再参加。通过这句话不难发现，毕业几年后，人与人之间的差距总是越拉越大。

“我们在大学时明明都差不多，为什么他现在却比我厉害那么多？”好友陈刚在一次下午茶的时候向我感叹。

可不是吗？毕业不过几年，做生意当老板的，在公司三级跳的，做公务员混得八面玲珑的……但唯独自己好像变化不大。

接着好友那句话，我想说的是：明明差很多，只是你眼界太窄，没看到。

记得上次回成都是参加大学同学郑凯儿子的满月宴。

在那次满月宴上，见到了许久未见的大学同学和老师。推杯换盏、觥筹交错之间，看着酒桌上昔日熟悉的面孔，突然不由地感叹：毕业也就短短几年时间，每个人的状态真是变得大不一样。

学生时代，大家一起逃课，一起被老师责骂，考着差不多的分数，上着差不多的大学，为什么走入社会后，人生却天差地别？

郝然是我们班的班长，还是学生会副主席。他对学校里的各种职务很是热衷，也奇怪，学习成绩一般的他不管什么职务好像都能争取到。也许是他能说会道的缘故吧！我们私下里总是这样猜测。

平日里，他有句口头禅：差不多就行了。

同班的郑凯，我们总是习惯叫他凯哥。他便是上次满月宴的主人，凡事追求尽善之美，容不得一点瑕疵，和郝然有着完全不同的办事风格。

一次，学校让学生会宣传部为中秋晚会做宣传海报，并且只给了一天时间。事发突然，我们宣传部的几个人显得有点忙乱。

“时间紧，做个差不多的就行了。”作为副主席的郝然首先发话。

“既然主席都说行了，我们也可以收工了。”负责美术的张浩一身轻松地说。

“这海报看着也太粗糙了，我们还是深加工一下吧，毕竟全校师生都看着我们呢！”凯哥看着眼前的海报，皱着眉头询问道，“要不，我们加加班？”

“差不多就行了，干嘛那么认真？再说，有谁会在意一张海报？主要是节目精彩才重要。”郝然大大咧咧地如是说。

很快，郝然带着宣传部的几个人离开了，只剩下凯哥一个人在画室删删减减、抹抹画画，继续加工宣传海报到很晚。

大学即将毕业的时候，凯哥和郝然同时参加北京一家日本料理店的校园招聘。

为了那次招聘，凯哥忙前忙后，做足了充分的准备，最后顺利通过面试，并去了料理店总部——北京工作。北京一直是他梦想的城市。

郝然对招聘毫不在意，总是那副“差不多就行了”的态度。结果，他没有通过面试，毕业后，在成都一家饭店工作。这一干就是好几年，工作中，他没有升迁，也没有出现大的差错。

后来在郝然的婚礼上，我抽空问了问郝然的工作和新娘情况，只听他说："只是一份工作嘛，差不多就行了。""老婆嘛，差不多就行了，又不是言情小说。"……这次凯哥也带着任务赶来了。之所以说他是带着任务，一方面是赶来参加婚礼，另一方面是因为他在北京工作期间，因为业绩突出，表现出众，已经被公司派来成都负责分公司的筹建工作。

"哇！凯哥，可以啊！这才几年呀，你就独当一面啦！"

"听说凯哥的年薪都到了 7 位数哦！这还要不要我们活啊！"

"是啊！这家伙，简直甩了我们几条街啊！凯哥以后可得照顾照顾我们呢！"

……

看着嘴里不停说着"差不多就行了"的郝然，再看看风生水起的凯哥，我突然明白过来，一个人的生活态度，将直接影响他今后的生活质量。

上学的时候差不多就行了，考试的分数差不多就行了，谈恋爱的时候差不多得了，结婚的时候也差不多就行了……

我觉得，这其实就是一种求而不得之后的妥协。我们总是更习惯于为自己的不努力找一个冠冕堂皇的借口。

将就着过日子，我们就只能普通一辈子。

无惧无畏，就是要让你的人生退无可退

前几天回老家，偶然遇到高中同学郭辉，老同学见面免不了嘘长问短。

“听说小婷也在北京，你们有联系吗？”聊着聊着，他向我打听小婷的情况。小婷是我们的高中同学，大学毕业后也在北京，高中的时候他们还谈过恋爱。

“小婷还不错，”我点点头，回答说，“她在北京买了房，听说嫁的老公对她也很好。”

“真搞不懂北京有什么好，雾霾那么大，交通又那么拥堵，还是我们农村好，空气好、食材好，也没有城里人那么多勾心斗角……”

他还没有说完，我就借故离开了。并不是我不愿听他说话，而是他原来和我们一样充满干劲，只不过做了很多份工作以后，他都因为种种原因被辞退了。后来干脆回到老家，种种田，提前过上了退休的生活。

郭辉不过刚刚三十岁的年纪，而我却在他的过去里，预设了他的未来。他说，农村没什么不好，一样可以大展拳脚，话虽不错，但是他什么都不愿意做，每天只是日复一日，轻轻松松地过，悠悠闲闲地活。

前半生自己什么都想要，却发现后半生除了安逸其他什么都不重要。

法国作家拉罗什富科说：平庸的人总是在抱怨自己不懂的东西。我觉得抱怨还不算最可怕，最可怕的是你明明有很多机会，可你就是安于现状，不愿突破，每天顺其自然。

关悦毕业后进入一家公司工作，仔细算起来，他已经在那家公司工作整整五年了。关悦平日里总是戴着一副眼镜，看起来文质彬彬的。镜片下一双锐利的眼睛，总给人看穿一切的感觉。在公司，踏实肯干的他很得上司器重。

五年的时间说长不长，说短不短，但也已经足够让他完成从一个职场菜鸟到部门经理的华丽转变。

一次，一家大型集团招标，关悦所在的公司有个很强大的竞争对手。总经理下了死命令，一定要拿下那个项目。关悦是项目负责人，其压力可想而知。

接到任务后，他马上召开了小组会议，制订了大致方案。关悦的能力虽然不用怀疑，但他第一次负责这么大的项目，还是有些紧张的。事实上，两家公司的能力难分伯仲，究竟谁输谁赢他也说不好，一个小小的失误就有可能满盘皆输。

“既然如此，尽全力做就是了。”我只能这样安慰忧心如焚的他。

“我没有退路，一定要成功。”这次招标他可是立了军令状的，拿不下来就走人。

是啊！五年努力才得来今天的结果，不是谁都有勇气放弃的。

为了能够战胜对手拿到项目，关悦不顾三十八九度的酷热天气，顶着大太阳去调查市场，对得来的每一组数据进行分析，尽可能做到完美。

“关总，何必这么认真呢？这组数据无关大局，我们可以随便写个数据就行了嘛。”和他一起跑市场的同事有点不乐意了。

关悦对此很坚持，他毫不犹豫地说：“既然做就要做好，哪怕只是一组看似无关紧要的数据，也要真实有效。只有做到最好，才能让别人无话可说。”

回到单位后，关悦咬文嚼字，反复研究投标书，这里的所有数据都是他调查取得的。他试着换位思考，学着站在对方的立场，想着对方该如何制订计划。关悦是处女座，凡事追求完美，是一个自我要求很高的人，再难的事，他都会想办法去完成。

“关总平时太轴了，总喜欢跟自己过不去，也不知道他这么累为什么？”

“为了一次招标，连部门经理的位置都不要了，我是服了。”

……

就关悦的行事作风而言，这不是轴，而是让自己没有退路，追求更好。

关于招标方案，他和同事有这样几句对话。

“关总，我觉得我们做的计划书已经天衣无缝了，对方公司肯定达不到这个标准，我们赢定了。”

“千万不要掉以轻心，对方的实力也不容小觑啊！”听得出来，关悦对同事的话并不赞同。

“有关总在，肯定没问题。我们这次一定稳赢。”

关悦笑而不语，低头继续研究计划书。

……

这样的人不成功才是怪事。不出所料，最终，关悦所在的公司打败对手，取得了成功。

不难发现，当我们对自身的要求越来越低时，人就会产生惰性，就不会对目标中的事上心，进而失去大好的机会。

人生就是这样，你不较劲儿，就会被生活同化，变得平庸。当然，我所说的与自己较劲，并不是钻牛角尖，而是憋着一股劲儿，努力向前冲，直到成功。

愿我们都能成为自己想要的模样。

放手一搏，在放手之时成就新的人生搏击格局

扪心自问，我不是低头族。但我很喜欢在空闲的时候打开手机，翻翻朋友圈。为什么呢？因为朋友圈有好几百人，每天展现的，是各式人生。

有人在马尔代夫享受蓝天白云，有人在国外攻读学位，有人的创业公司正在起步，有人秀幸福晒恩爱晒娃，有人成了时尚达人，照片一张张发……

不经意间，我看到高我一届的学姐又一家新店开业了。照片中的她略施粉黛，笑靥如花，她又离自己的人生目标近了一步。

对学姐，我一直很是敬佩，甚至有点仰慕。在大学期间，她并不喜欢自己的专业，又常常逃课外出参加各种活动，这样的她，自然不招老师的待见。女孩子嘛，哪里那么多特立独行？老师提起她时，总这样说。可想而知，她的学习成绩也好不到哪里去。

我认识她，是因为她创办了校文学社。得知我想参加文学社，

和我同一专业的一位学长“好心”阻止我参加：

“那个人我知道，没什么真才实学，成绩也很烂，你可别瞎耽误功夫。”

即便如此，我还是义无反顾地去了。因为文学社有一个在当时的我看来很有诗意的名字——萌芽。

毫不夸张地说，那是我写作之路的开始。因为她是社长，批改我的文章就成了她的任务。往往经她改过的文章总是更有深意，更能打动人心。除此之外，她还教我一些社会礼仪，还推荐我当上了第二届文学社的社长。

她只大我一届，我有点怕她，也对她言听计从。在我眼中，她的行事作风是我想都不敢想的，我行我素，敢想敢做，大三时，学姐风风火火地成立了自己的团队，做报纸，出书，认识了很多商场上的人，每天忙得焦头烂额，不亦乐乎。

她曾告诉我说：读大学，找到自己的方向后放手一搏，不给人生留遗憾才是最重要的。

坦白说，对她的话我一直不敢苟同，因为我当时很看重学分，很在意自己能不能顺利毕业。但学姐和我们不一样，对学习马马虎虎的她，创业时却能一步一个脚印，买房买车，红红火火，看得我们好生羡慕。

仔细想想，决定人与人之间差距的因素有很多，除了家庭因素，对我们影响更多的，其实是我们的眼界和格局。

看着学姐的朋友圈，我突然明白：原来我们的努力，一直不在一个层次上。当我蹒跚学步时，你已经展翅高飞；当我的手上练出老茧时，你已经拥有了一支军队。

这样鲜活的例子，随时随地都在上演。

“为什么成功的总是别人而不是自己呢？真不公平！”总有很多人说这样的话，纠结这样的问题。

我现在越来越相信“眼界决定境界，格局决定结局”这句话，因为不同层次的努力，直接导致了不同的结果。在人生路上，我们总是舍不得放手，以至于遗憾连连。

不可否认，学姐这样的人，创业期间也跌过很多跟头，但她没有停滞不前，而是一直追求卓越；而我们，总是临渊羡鱼，从来都不敢退而结网。

“放手一搏”说起来容易，但真要我们做到可不容易。在某一期的《青年文摘》上，我看到这样一个故事：

有个樵夫上山砍柴，不小心跌落山崖，所幸的是，他被半山腰的树枝挂住，人就那样悬在空中晃来晃去。他抬头看看上面，山崖的石壁光秃且高，爬是爬不回去了；看看下面，万丈深渊，冒着寒气，让人毛骨悚然。

这可如何是好？就在樵夫进退两难之际，恰巧一老僧经过，给了他一个指点。老僧说："放！"

教人放手跳下悬崖找活路，这个老僧难道是个疯僧？

老僧的说法其实一点都没错。整个故事的精华就在这个"放"字：既然上不去，生还希望大的这条路已经不现实了；如果就顺其自然吊在半空中，不上不下，时间一久，不是被冻死、饿死就是被毒蛇或秃鹫咬死，显然也是死路一条，甚至还有无数种更加悲惨的死法。那么此时最好的选择就是"放手"，跳下去——未必就会活，但也未必就会死！

放的过程中，或许可以就着山势而下，从而使下滚的重力受到缓冲；下滚的过程中也许能够抓住一些树木，山石，那么冲力还可以因此削减；又兴许山崖底下有一个深潭……总之，生还的可能不是没有。

因此，我对老僧的说法很是赞同。这个"放"字可以说就是我们对于未知事物的一种积极态度。当我们面对进退两难的境地时，与其耗在那里等死，还不如将全部的意志和精力凝聚在一个点上，放手一搏，说不定就会置之死地而后生。

成功与优秀都是被逼出来的

“他们居然说我做事不留后路。我哪里是不留后路，我不过是想让我们的团队更优质更高效地完成任务罢了。”好友沐沐一肚子怨气。

“天哪，做事不留后路这种话都说得出来？你做了什么？”好友沐沐我是知道的，她工作起来可是名副其实的“拼命三郎”，上周她刚被提拔为业务经理，新官上任三把火，凭直觉，她一定得罪下属了。

“我不过就是让他们加加班，赶赶进度嘛！”沐沐不觉得自己做得有什么过分，很委屈地说道。

“哪里是加班那么简单？”坐在一旁的浩宇终于听不下去了，嚷嚷道，“你不知道，你当上业务经理才七天，但我们有六天加班到凌晨三点。这还不算，你还向总经理说，不拿下招标项目，扣我们业务部所有人的奖金，不是吗？”

"那你怎么不想想，要是我们完成招标项目，奖金可是会翻倍的呢！"沐沐辩白道，"悬赏之下必有勇夫，我也是为了你们好嘛！"

从他们的争吵中，我总算知道了事情的大概。事情很简单，沐沐为了激发员工的积极性，顺利完成项目招标，拿大家的奖金做赌注。无奈之下，大家只好加班加点，马不停蹄地为招标工作做准备。

我们身边总有人说，做任何事情都要为自己留后路。其实，我想说，作为二三十岁的年轻人，完全没有必要这么做。我之所以这样说是因为，一个人一旦留了后路便很难达到真正的成功。沐沐的做法我是赞同的，当然，如果她事先和大家沟通一下，或许效果会更好。所以，我们常说，一个做事能把自己逼上悬崖，能够无所畏惧地斩断自己后路的人，无论遭遇多大的困难和挫折，就算是遇到千难万险，他都会拼尽全力、锐意进取，置之死地而后生。

压力会激发进取心，能让我们变得更加优秀。在抗压过程中，更能体会到旁人无法体会的充实与快乐。很多人都想轻装上阵，但是轻松又怎能成事？

梦洁在一家外贸公司上班，每天面对相同的工作模式，渐渐产生了惰性。她越来越觉得得过且过的心态正一点一点侵蚀着她，让她失去了往日工作的热情。

我眼中的梦洁是个努力向上的好青年，大学之前一直是三好学生，上大学后也是学生会干部，每样事情都能做得到位。不管是为晚会出谋划策，还是给学生会做文案策划，熬通宵是常有的事。

大家常说她："为什么给自己那么大的压力？跟我们一起出去唱唱歌、看看电影多快乐。"但梦洁对这种说法不敢苟同，只是按照自己的喜好做着别人看来很累的事。

梦洁曾不止一次地告诉我，她虽然失去唱歌、看电影的时间，但努力的结果让她很满意，因为这样不仅锻炼了自己的社会实践能力，也是对专业技能的进一步提升。

回想曾经追求卓越的自己，再看看现在办公室里无精打采的自己，梦洁意识到了问题的严重性，她觉得一定要改变这种状态，必须给自己增加点压力。

不多久，公司发出一则消息：三天后，有一家外国公司前来考察，要听一场全英文解说。全英文解说在公司里还是破天荒第一次，要找外援显然有点来不及，一筹莫展的老板希望员工可以自发报名。

看到消息后，同事们各忙各的，丝毫没有要报名的意思。谁愿意轻易冒险呢？解说得好自然是大功一件，解说得不好，极有可能被炒鱿鱼，那可是灭顶之灾。

思前想后，梦洁觉得这是个机会，自己的英文水平不差，只需要再强化强化就行。抱着一定要完成任务的心态，梦洁在大家惊讶的目光中走进老板的办公室，拿到了公司的相关资料。

事实上，梦洁对于解说也是门外汉，毫无经验的她刚拿到资料也有些茫然无措。可是，她相信，只要努力就一定可以完成，而且要完成得漂亮。

为了让她能有更好的状态"备战"，老板排开了她手头的工作，让她一心一意地准备解说。这下，梦洁可有的忙了。整天不是埋头查资料，就是背诵单词，锻炼口语。

"梦洁，干吗给自己找罪受？有薪水拿不就行了吗？你看看你，非要把自己弄得那么累。"

"哎，梦洁可是老板的'救命稻草'，说不定马上就能升职了呢！"

"如果完成这次任务，梦洁可是大功一件哦。"

……

一时之间，说什么的都有。不管什么言论，梦洁都不以为意，只是按照初衷全心全意地继续准备。

努力的人总是很幸运。最终解说很成功，也因为她出色的解说，为公司带来了一笔大生意，她也因此被提升为总经理助理。

在准备的过程中，她发现很多自己的不足，也确定了今后努力的方向，她知道，未来的路上还需要再给自己一些压力，虽然失去了一些休闲时间，但生活却因此更充实了。

我敢说，没有人不喜欢快乐的生活，很多人也奉行“及时行乐”，可是，快乐轻松的背后或许隐藏着更大的危机。殊不知，很多时候，成功与优秀都是被逼出来的。

第五章

每一个不曾起舞的日子，都是对生命的辜负

没有容易的人生，对这个世界，你无须抱怨，一直努力就好。世界不曾亏欠每一个努力的人。

只有足够努力，才能蜕变转身

前一阵子，吴奇隆凭借他的新身份“北大硕士毕业生”上了微博热搜。

“哼，大明星嘛，不过是作秀，这是套路。”

“又不缺钱，要这些虚头巴脑的头衔干什么？他们也真是闲的。”

……

总之，对这一事件，我周围的人有着各种看法。

看着他们对吴奇隆的事情无比热心，我只能摇头：你们把时间用来吐槽的时候，吴奇隆早已经借助硕士的头衔和读书结识的人脉在商场上赚得酣畅淋漓了。

现实中总有很多类似的人。当别人成功过上自己所羡慕的生活时，他们总会说那是因为对方家庭背景好、因为他先天条件好等。

其实，这些说法是最空洞而无意义的。

为什么这么说呢？因为他们看不到别人背后的付出，而且还愤恨这个世界的不公平。“我的命怎么这么不好”简直变成了他们挂在嘴边的口头禅。

经历越多，我也越明白：不管大事小事，要想做到最好，唯有付出努力和耐心。看过很多算得上成功的人，他们总是比任何人都奋斗上进，所以最后才有资格享受拼命尽兴后的人生礼遇。

就像维嘉。

维嘉从小就觉得自己不是上学的料，老师对他这种学生也很是头疼。因为不管他自己再怎么努力，老师再怎么想办法帮助他，成绩总是上不去，在拉低全班的平均成绩这一事情上，他可算是一名猛将。

勉强混到高中毕业后，因家里负担重，还有弟弟妹妹也要上学，他便主动提出不再复读。后来，维嘉去了成都找工作。没有学历、没有技术，想找一份工作无疑是艰难的。后来，还是在朋友的介绍下，他找到了一份送快餐的工作。

维嘉虽然学习不好，但能吃苦耐劳。他所在的快餐店生意非常好，有时一天会送七八百份快餐，非常辛苦。快餐店来来去去也招过一些人，但都因为劳动强度太大而待不久，有的一个月，有的三个月，半年时间就算长的了，他们觉得工作如此艰辛，薪水却少得可怜，实在没必要。

成都的芙蓉花开了又谢，谢了又开。送餐员一茬一茬地换，只有维嘉坚持了下来，这一坚持就是五年。

附近的商户，稍微远一些的商贩都对维嘉非常熟悉。五年的时间，足以让一个懵懂青涩的小孩子变成成熟稳重的小青年。

有人看他风里来雨里去很是辛苦，便忍不住问他："你一个月挣多少钱？"维嘉不好意思地说："1400。"一开始，很多人都表示不信，一个堂堂小伙子，干点什么也不止1400元啊？干吗非得干又累工资又不高的快餐店伙计呢？而且还一干就是五年。虽然工资后来慢慢有所上涨，但终究是吃力不讨好。

到了第五年年底，维嘉辞职了，他开了一家家政公司。

"家政公司竞争激烈，你一个外来户拿什么跟人家竞争，还是趁早想其他生意吧。"有些人出于好意这么劝告他。

出乎大家意料的是，他创办的家政公司的生意出奇地好。

"你一个送外卖的小伙子，对开公司一窍不通，怎么能单枪匹马把公司经营得那么好？"

"是啊！看你轻车熟路的样子完全不像门外汉，怎么，你有后台？"总是有好奇的人不停打听。

事实是，维嘉在送外卖的五年间，一刻也没有闲着，更不是单纯地只是送外卖。趁着送外卖的便当，他结识了成百上千位做生意的老板，而这一群体是最需要家政服务的。维嘉平时彬彬有礼，谦卑有加，在送外卖期间给他们留下了很好的印象，于是生意就这样做了起来。

上次回成都参加校庆会，约着维嘉见了一面。他神采奕奕，开着崭新的保时捷跑车如约而至，他笑着告诉我，就在我到成都的那天，他的第十三家连锁店已经在青羊区开张营业了。

他也憨厚地对我说，“有些人总是问我有什么成功秘诀，我哪里懂什么诀窍，我不过是比别人更努力一点罢了。五年，整整五年啊！你说，有谁愿意坚持送五年外卖呢？我之所以能坚持，不过是想今后的日子过得轻松一点。”

答案如此简单，却很少有人去做。生活中，每个人都想着财富可以取之不尽用之不竭，可是，唯独忘记问问自己，你努力了吗？愿意为了改变自己的状态一年又一年地付出努力了吗？

看着不停接电话的维嘉，我不禁感叹：努力不是外在压力逼迫你去前进，而是自己内心对多面人生的渴望，是一种积极向上的生活态度。如果我们自己不积极主动，又怎么有机会尝试无限可能？

从他身上可以让人明白，一个人起点低不怕，出生农村也不怕，所在行业不被人看好也不怕，人生随时可以转角，关键在于你愿不愿意努力付出。

一个人只有足够努力，才能在蜕变中美丽转身。岁月除了悄无声息地流逝，还可以沉淀一个努力者成功的人生。

记住：要么出众，要么出局

1

“五一”小长假期间，我参加了一场同学聚会。就是这一次聚会让我感觉到了人与人之间的真正差距，很多时候选择什么并不是很重要，努力才是决定你出众或是出局的关键性因素。

大学时，柳青和如懿两个人都是全校出了名的“美人”，漂亮倒还在其次，关键是两人不仅人美，偏偏还是班上的学霸级人物，这让当时班上的一帮女生一度成了配角。在我们眼中，只要一毕业，她俩必定有锦绣前程。

可就是这次同学聚会，差距显而易见。

大学毕业后，柳青不顾亲朋好友的反对，义无反顾地回到了家乡的三线小城，在当地一家不知名的家具厂负责品牌推广，当时我们都认为这是一个没有前途的选择。毕竟，对漂亮又有智慧的她来说，即使在北上广这样的大城市，找一份体面的工作对她而言也毫不费力。

事实证明，我们当时的想法有多世俗。因为，今天的柳青已经是公司合伙人之一，当年不知名的家具厂目前全国已有近30家连锁店。

柳青能做到今天的位置也不容易：不管工作多忙、多累，柳青每天都坚持学习一个小时英语，即使平时工作用不到；家具厂的工作杂而乱，她大部分的时间都和工人们泡在车间里；从车间到销售，厂子里的每一个环节柳青都了然于胸，甚至一些家具的尺寸她都烂熟于心……

就在两年前，她所在的公司突然转型开拓国外市场，说得一口流利英语的柳青被选派国外。短短一年后，凭借高出别人一大截的优秀业绩，顺利拿到合伙人的资格。

我想，有颜值却偏偏靠才华，大概说的就是她这种人吧！

如懿则不然，同样漂亮聪慧的她一直信奉“干得好不如嫁得好”，于她而言，学历被她当成了嫁入豪门的敲门砖。

在这次聚会上，涂着鲜艳红唇却难掩倦容的她开口闭口都是：

“我老公前几天又出国了，看，这就是他给我带回来的香奈儿限量版包包。”

“我的宝马又落伍了，听说又有新款上市，你们知道哪里有现车吗？”

“我儿子昨天得了全市钢琴大赛二等奖，要是我平时看紧点，可能就是一等奖了，哎——”

……

“嗨，别听她瞎吹了。她呀，一有空就追剧，早已沦为丈夫的寄生虫。听她家保姆说，她老公已经出轨，都要跟她离婚了。”

“是啊！那还在这晒什么幸福！”

……

听完这些人的话，我感慨颇多。努力，无关背景，更无关年龄、美丑。它应该是一种生活态度、一种习惯。那些从不止步探索的人，因为努力，所以才开启了人生的另一扇大门。很多选择和决定所带来的后果，往往也不是最致命的，其实能给人生彻底定位的，是你自身有没有足够努力。

2

当今社会的发展日新月异，竞争与挑战俱存。需要我们不断更新观念和知识，只有坚持努力学习、更新技能，我们的思想学识和工作能力才会越来越出众，从而在这个复杂多变的社会脱颖而出。如若不然，面临的只能是被淘汰。

这一点，在袁飞和明凡身上表现得尤其明显。

袁飞和明凡都是计算机专业毕业的大学生，毕业后，哥俩一同进入一家软件公司工作。刚进公司时，由于明凡的专业知识学得更好一些，他在工作中如鱼得水。再加上他能言善辩，和上司同事的关系也都处得不错，因此获得不少展示才华的机会。而且明凡接连在好几个项目中有过极其出色的表现，并得到大家的一致称赞，为此他感到非常得意。

工作将近一年，明凡一直充满优越感，在他看来，就凭自己过硬的专业知识，谁也不能与之竞争。因此，他总是自鸣得意，高高在上，躺在功劳簿上吃老本。平时上班一有空闲，他不是玩王者荣耀，就是与网友聊天，对于更进一步的软件开发技术，他没有丝毫涉猎，一无所知。就这样，浑浑噩噩地过，轻轻松松地活。

而袁飞则相反。

进入公司后，他深知自己的短板就是软件开发，因此，在工作之余，他报了专业课程学习班；由于性格内向，不善言谈，他还利用一切可以利用的时间练习口才；一向木讷的他还积极向公司的同事请教专业问题；在熟悉掌握了软件开发技术之后，他并不满足，而是继续在大型软件的开发上下功夫；不管工作中遇到什么难题，他不是查资料就是分析数据，死磕到底……

这还远远没有结束，为了提高自己，袁飞还砸下重金，订阅了大量的专业报纸和杂志，通过阅读专业期刊，他就能接触行业最前沿的技术，然后再结合自己所开发的软件，做进一步改正。

凭着这样一种努力、努力再努力的精神，他一直走在软件开发的前沿。二年后，袁飞已经成为行业内小有名气的软件开发大师，而一直活在轻松氛围中的明凡，和刚进公司一样，至今依然是个普通的程序员。听说公司要裁员，明凡干脆破罐子破摔，做一天和尚撞一天钟，得过且过。

应该说他们的起点几乎一样，同样是大学毕业，但就从他们的境遇中我们已经不难看出谁更出众，谁将被淘汰出局。

有人说，这是一个信息爆炸的时代，知识的保鲜期就如同夏天没有放入冰箱的肉类，很快就会变质。我们手中文凭的时效性越来越短，如果在工作中不坚持学习，以便提高自己的知识和能力，那么就算你曾为公司发展立下汗马功劳，即使拥有再高的学历，我们也无法胜任要求日益苛刻的工作。

努力永远是充实自我的推进器，是主宰自我成长发展的王牌，其最大好处，就在于你可以通过努力凭借出众去选择自己想要的生活，而不是被迫随遇而安。

人生是条单行线，你只能一路前行

应该说，幸福安定的生活是我们每一个人都追求的，但谁能保证我们每一个人都能得偿所愿呢？当磨难来临时，你是自怨自艾、意志消沉，还是不屈不挠地与磨难作斗争呢？也许，你会觉得我老生常谈，但生活充满了不确定性，磨难与痛苦是我们每一个人都必须面对的，谁也无法逃避。

有这样一句话："磨难和幸福是一对孪生兄弟，有磨难的地方必然埋下了幸福的种子。"我一直觉得这句话很励志。因为，生活本身就是一位智者，它不但让我们体味到笑的甜美，还会让我们体会到泪水的苦涩；它会把一些黯淡无光的日子播撒在你的生命中，同样也会把一条阳光明媚的坦途安置在我们前行的路上。

人生是条单行线，我们能做的就是无惧风雨，一路前行。当磨难如同不速之客造访我们的时候，我们应该学会用微笑去面对一切艰难险阻。在这方面，同事江亮用自己的经历给我上了生动的一课。

他刚到公司上班的时候，我和同事们对他的样子很好奇，虽然做过很多猜想，但都不确定事实究竟如何。之所以好奇，是因为江亮的头总是比我们正常人抬得更高，好像一刻也不曾低下来。

这让我们很是费解，觉得这中间一定有故事。

答案在一次下午茶的时候，江亮亲自为我们揭晓了。没有难为情，没有很勉强，江亮大大方方地坐在休闲区，喝一口咖啡后，就那么波澜不惊地告诉了我们关于他的一切。

他的童年是不幸的。

“我不知自己怎么会那么倒霉，只是一次游戏而已呀！”江亮平淡地说，“在我5岁的时候，我和邻居家的小孩在炕上玩翻跟头的游戏。由于用力过猛，我不小心从炕上掉了下去。但就是这一不小心，我的人生从此被改写。”

“怎么，发生了什么？”有同事问。

“掉下炕头的我，脖子陷进了胸腔里。从此，我的下颌被推出30度，每天只能保持仰面朝天的姿势。你们不知道，当时的我有多痛苦。上学的时候，同学们总是笑话我，背后还给我取了很多难听的绰号，为这，我的眼泪都快流干了。”

“原来是这样，那后来呢？你还上学吗？”

“上啊！当然要上。”江亮目光坚定，“我不仅上学，而且比以前更加用功，我在一片耻笑声中坚持到高考，而且成绩优秀。”

“这也算付出终有回报了。”有同事感叹说。

“但我的苦难可没有就此结束，到了大学以后，身体越来越差了，甚至没办法看清黑板，无奈之下，我只能放弃上大学。”江亮有些激动地说，“离开大学那天，是我这一辈子哭得最伤心的一次。”

听到这里，我们都不说话了，气氛有些尴尬。毕竟，让别人回忆并复述一遍痛苦的事情是不礼貌的。

“当时正是插秧的季节，”江亮继续说道，“就连插秧这么简单的事情我都做不好，因为只能仰面朝天，所以我不能找到合适的角度把秧苗插进田里。为了练习插秧，我的腰弯得像一张弓，脸都到了膝盖上。”

我想，江亮的心里应该是极苦极苦的吧！

“也许你们会觉得我承受不了，心里一定很苦，”江亮大方一笑，“看到别人笑话我的样子，我是难过，不过后来我学会了用电脑，每当痛苦的时候我就用文字诉说心情。慢慢地也就习惯了。”

江亮的诗歌我是读过的，的确，字里行间，你丝毫感觉不到他对生活有任何埋怨，有任何失望，反而能感觉到乐观、阳光和希望。

“再后来嘛！”他看了我们大家一眼，“再后来就是和你们一起工作啦！”

有一次，我私下里和他聊天，很佩服他面对生活的勇气。

“其实，我对那些苦难的遭遇充满感恩，感谢命运给我一颗永远不会低下的头。”他如是说。

那次，我们聊到很晚，也说了很多，他告诉我：

由于只能仰面朝天，所以在上课的时候，才不会像别的同学那样，因为抬头看黑板而觉得脖子酸痛。这让他感觉到很幸福。

由于只能仰面朝天，所以他不能像正常人一样插秧、播种，可是也正因为这样，他才有机会看到更辽阔的天空，有了更多灵感源泉。这也让他感觉到幸福。

由于只能仰面朝天，所以他觉得自己天生就是一个朗诵诗歌、书写诗歌的人。他喜欢在文字里诉说心情，放飞自我，这也让他感到无比幸福。

江亮有句话让我一直铭记于心：“不能低头，就只能选择昂首；只能保持仰面朝天的姿势，我就不会有屈服的念头！”

他的经历再一次让我明白，我们不能够改变磨难本身，却可以换一个角度，去发现隐藏在磨难背后的幸福！

努力是最好的天赋，世界不会亏欠每一个努力的人

1

我们很多人都有依赖心理。大学刚毕业那会儿，一遇到事情，我第一时间想到的就是找自己的亲朋好友帮忙，等次数多了就会发现：一旦养成依赖习惯，自己也就失去了努力的激情。事实上，别人帮你一时，却无法帮你一世。人生路上，只有通过自身的努力才能获得想要的幸福生活。

一次，在去深圳的火车上，我的对面是一个名叫晓梦的年轻姑娘。

旅途漫长，慢慢地，我们的话也就多了起来。原来，她去深圳是为了和自己的好朋友洛洛见面。

“你们久别重逢，一定会开心的！”我猜测道，“看得出来，你们之间的感情一定很好，要不，你也不至于千里迢迢只为去见她

一面。”

“嗨！别提了，”晓梦笑得有些不自然，她回答说，“要是我也能像她一样努力，或许我就不会像现在这样了。”

“怎么，你们有什么故事？”听出她话里有话，我下意识地问道。

已近黄昏，太阳慢慢消失在地平线下，远处炊烟袅袅，天空中红霞朵朵。看着窗外，晓梦向我这个陌生人敞开了心扉。

原来，晓梦和洛洛从高中的时候起就是形影不离的好朋友，两人共同努力，一起考上了同一座城市的不同学校，距离也不是很远，两个人周末经常一起逛街、看电影、泡图书馆……

和所有的大学生一样，她们的大学时代，年轻、充满梦想。

“我至今也忘不了，和洛洛躺在学校的草坪上，阳光透过树影，星星点点地照在我们脸上，我们一起谈论学校里的男神校草，一起畅谈对未来的期望，那种感觉美妙极了。”晓梦回忆说。

从她的讲述中我得知，晓梦特别喜欢看港台剧，对香港这座处在世界前沿的现代化城市很是憧憬。晓梦大学毕业后想去香港发展，因为她觉得那座城市充满机遇，能够让自己施展拳脚。但洛洛却告诉她，去香港虽然是个不错的主意，但前提条件是一定要先学好粤语。

“我当时觉得学粤语是一件很容易的事情，所以根本没有重视，以至于一拖再拖。”晓梦一脸无奈地说道，“但就是我的不重视，让我和洛洛之间的差别越来越大。”

“半年后，趁着放长假的时间，我和洛洛相约去香港玩。香港很多人都说粤语，听到他们说话，我完全蒙圈了，但洛洛却能用流利的粤语与当地的小贩讨价还价，你不知道，我当时有多羡慕。最后，连小贩都以为洛洛是本地人。再看看自己，就连简单的‘你好’‘没问题’等日常用语我都说不好。”

“那后来呢？”我很想知道，她们之间究竟发生了什么。

“很快到了大四，洛洛告诉我，说她想跨专业考英语专业的研究生，问我有没有兴趣一起考。当时我准备自学心理学，并不想因为其他的事情而分心。半年后，差别又一次显现，我再一次被现实打了脸。因为那时的洛洛已经可以将《钢铁是怎样炼成的》用一口标准而又流利的英语朗读下来。”

“那你的心理学学得怎么样了？”在我看来，用心专一也不是什么坏事。

“我那时忙着和同学搞晚会，聚餐旅游，坚持学了一段时间之后我就因为心理学枯燥乏味而放弃了。”说这话的时候，晓梦的脸红红的。

那一刻，我觉得眼前这位年轻的姑娘内心应该充满了悔恨。

“大学毕业后，洛洛完成了我的梦想——去了香港，而我则留在了学习四年的城市。后来洛洛打电话告诉我，她被公司派去英国学习一年，以后长期留在那里也不一定。替她高兴的同时，我也向她透露了自己的现状，我告诉她，我的生活很是辛苦，没完没了的市场调研，风雨无阻；看脸色，不管上司还是客户。原以为，洛洛会安慰我，没想到，却遭到了她的厉声训斥。”

“训斥？”我不解了。

“是啊！我哪里有资格埋怨生活辛苦呢？比起洛洛，我差远了。为了完成梦想，她在别人玩乐的时候努力充实自己，为了省钱，有时连公交车都舍不得坐。这些都是我做不到的。”

看着眼前这个神情有些落寞的姑娘，我一时无语。

“其实，我早该想到我们的结果的，”晓梦说，“我去洛洛的宿舍，她的书桌上全是各种书籍，还有密密麻麻的笔记。毫不夸张地说，就连我用来谈恋爱的时间，她都在用来埋头苦读。”

“我想，这就是拉大你们差距的原因吧？”我看着她，“那你这次是……”

“这次，洛洛从英国回来，要在深圳待几天，趁机我去见见她，人总要长大的不是吗？”晓梦神采飞扬，“努力，我也会啊！这次说话算数。再不努力，青春就荒废了。”

我想，学会努力的晓梦一定也能如愿以偿。成功来之不易，对任何人都不会例外。

2

我家楼下有一家盲人按摩中心，这家按摩中心的老板是一对盲人夫妻。男老板 31 岁，叫重阳；女老板 29 岁，叫杜红。

我一直有偏头痛的毛病，尤其是写作的时候更容易犯这毛病，每当这时，我都会去关顾他们的生意。他们的店里素雅、整洁，吧台上总是有几束新鲜的百合花，加上他们娴熟的按摩手法，这一切都让我很是放松。

在慢慢接触的过程中，我也了解了他们的故事。

一开始，一无所长的重阳对生活完全没有信心，更别提结婚生子了。可以想象，一个失明的人没有一技之长要想生活好肯定是不易的。2010 年，双目失明的重阳在姐姐的帮助下和同样双目失明的杜红见面了。也许是同病相怜的缘故，他们一“见”如故，很是聊得来。杜红的出现，让重阳重新燃起了对生活的信心。他们一起到北京一所专业按摩学校学习按摩技术。

杜红曾告诉我，学习的日子异常艰难。因为眼睛看不见，他们找准一个穴位要比别人多花几十倍的时间；他们做不了笔记，只好把老师的话用录音笔录下来，一遍又一遍地听；北京的冬天寒风刺骨，当别人还在睡梦中，他们两人已经互相摸索着把老师所提过的每一个穴位都重新找了一遍，力求精准无误……

慢慢地，两人在学习上相互帮助，在生活上相互照顾，两颗心也随着时间的流逝越来越近了。

经过认真、刻苦的学习之后，毕业之后的重阳和杜红在北京一家盲人按摩中心打工。他们很珍惜这份工作，因此也就比别人付出了更多的努力。付出就有收获，由于手法专业，服务态度好，来找他们的回头客越来越多。老板看在眼里，喜在心里，给他们的薪水也远远高于其他员工。

就这样过了几年，两人慢慢有了一点积蓄。

"我老婆可是个不容易满足的人，要不是她坚持要自己创业，恐怕我到现在还给别人打工呢！"一次，重阳这么说。

2014 年，他们拿出几年来辛苦攒下的所有积蓄，在河北燕郊共同创办了"好再来盲人按摩中心"。开业后，由于技术过硬，价格公道，所以他们按摩中心的生意非常好，就连北京城的人都慕名前来。

2015 年，两个相濡以沫的人迈进了婚姻的殿堂。

"你们可真幸福啊！看你们相敬如宾的样子，不知道有多少人羡慕呢！”有一次，我看着动作麻利的杜红说道。

“既然选择了做夫妻，就是一辈子的事情，当然要相亲相爱。我们身体虽然有残疾，但这并不影响我们努力生活。”杜红一边熟练地工作，一边对我说。

“看你们的事业风生水起，很多正常人也未必能做到呢！”

“唉，谁没有遇到难事的时候呢？”杜红叹口气告诉我，“在最初创办盲人按摩中心的时候，我们面临的最大问题就是资金问题。东挪西凑，能借钱的人我们都厚着脸皮借了，为这，重阳甚至还把老家即将拆迁的老房子给卖了。你说，都这样了，我们不好好生活，不努力挣钱，对得起谁呢？”

在生活中，夫妻二人举案齐眉；在事业上，他们齐心协力。但最让我佩服和感动的是，在取得了一定的成功之后，他们夫妻对一些盲人兄弟姐妹们也给予了很多照顾，凡是找上门来的，他们都会给予帮助。

现在，他们的按摩中心一共雇用着四位盲人兄弟姐妹，除了每个月给他们工资之外，他们还提供免费食宿，平日里，还会将他们这些年总结的一些经验和教训都无偿地教给他们。

“因为我和他们一样，所以我更能体会盲人的生活有多不容易。我们两口子不会说什么漂亮话，但我们最大的心愿就是希望所有的盲人兄弟姐妹都能好好生活，都能有一个幸福美满的家。”杜红这样告诉我。

简简单单的几句话，透露着心灵的朴实与慈善之美。重阳夫妻凭借自强不息最终取得了成功，虽然他们身体上有残疾，但是他们没有抱怨，没有放弃，凭借一腔热血，践行着自己美丽的人生。

看到夫妻俩忙碌的身影，脑海里始终萦绕一句话：努力是最好的天赋，世界不曾亏欠每一个努力的人。

第六章

致我们无所畏惧的青春：你的坚持，终将美好

从没有一种坚持会被辜负，敢于追逐，无所畏惧，终有一天，梦想就会照进现实，你的坚持，终将美好。

今天的坚持，只为明天的美好

1

大二的时候，老教授曾让我们做过一件当时我们很不理解的事情。那天，走进教室放下讲义后，他对我们说：

“今天我们只学一件最简单也是最容易做的事。那就是每个人把胳膊尽量往前甩，然后再尽量往后甩。”

说完，老教授亲自示范了一遍，补充说：“从今天开始，每天做 100 下，大家能做到吗？”

“这算什么？算课外作业吗？再说，这样做有什么用呢？”这是我们当时叨叨最多的一句话。

做就做吧！不管有什么用，既然教授都布置下来了，这么简单的事情，做就是了。我们满口答应。

接下来的几天，我们男生女生都在宿舍里、操场上做甩胳膊的动作。样子虽然有些滑稽，但照做不误。不过，是不是 100 下，我们就没那么多计较了。

当时，大家见面最流行的一句话是：今天，你甩了吗？

过了一个星期，再上教授的课时，他问我们："每天甩 100 下，哪些同学坚持了？"

教授的话音刚落，我们几乎全部骄傲地举起了手。

"好，很好，希望大家继续。"教授说完继续上课，不过，我总觉得他当时看我们的眼神别有深意。

时间慢慢过去，我们甩胳膊的热情大减，甩胳膊的人已经很少很少了。

一个月后，老教授上课再问我们相同的问题时，得知坚持下来的学生不到三分之一。

三个月过后，老教授再次询问我们："请告诉我，最简单的甩手运动，还有哪几位坚持了？"

很遗憾，我们教室一个举手的人都没有。

"我给你们布置的任务是当年古希腊大哲学家苏格拉底曾在课堂上布置给学生们的。不过，苏格拉底的学生中有一个人坚持了一年，这个学生就是日后成名的古希腊另一位大哲学家——柏拉图。"

我清楚地记得，当时的教室里鸦雀无声。

"你们也应该看见了，做一件事情往往很容易，但长久地坚持做一件事情却很难。我不奢求你们名垂青史，千古留名，但一个想要成功的人，就务必要学会坚持。”老教授最后这样告诉我们。

我还清楚地记得，当时教授的眼睛里分明写满了失望。是恨我们一个月都没有坚持，还是恨我们那么多人居然没有一个人完成他布置的任务？我不得而知，但老教授的心一定是痛的。

看看现在自己身边但凡是取得一点成绩的人，无一不是有自己坚定的信念以及十年如一日的坚持，才最终走向美好的明天。

是啊！任何成功，都是点滴积累的过程，都与半途而废无缘。

2

“嗨！你们知道吗？23楼的胡腾已经是他们公司的部门经理了。昨天我见到他时，别提有多精神了。”

“是吗？那可真是值得高兴。早就该稳定了，这几年他可没少折腾。”

……

一进小区院子，就听到几位大妈在说胡腾的事。

她们口中的胡腾我是认识的。胡腾大学毕业已经三四年了，可一直都没有一份固定的工作，家里人都为他操心着急。为此，他也没少在我面前埋怨。有时候，怕回到家里被老人叨叨，他就干脆住朋友家。幸亏他同学、朋友多，一直就这么蹭吃蹭住打发日子。实在没有着落了，他就回家向父母要点零花钱，继续在外“漂”一段时间。

“这孩子真不让人省心，我怎么生了这么个不争气的东西！”

“还不是你惯的，要不是你总是偷偷给他钱，他还能这样？”

他家父母经常相互埋怨。

要说找工作，他也没闲着。胡腾第一次应聘的是一家私企，但他仅在那个远郊县区的单位待了不到一个月就打退堂鼓了。

“那可真是鸟不拉屎的破地方，待在那里就是对我精神的摧残。太冷清，连个购物、看电影的地方都没有。”

一说起单位，他就一肚子怨气。尽管这个单位的老板和员工们都比较欣赏他、重用他，但他却觉得这正好证明这个单位缺乏像自己这样的人才，自己在那单位真是大材小用了，于是他递了辞呈。

不久，他又进入市里的一家刚刚成立的小公司工作，做经理助理。

“什么嘛，天天加班，还没有加班费，我又不是机器，这简直就是剥削我的劳动力啊！每天起早贪黑地挣那么点钱，还不够我买两件像样的衣服呢！”

就这样，还不到一个月，他就不愿忍受那里的工作节奏，又离开了。

之后，胡腾又陆陆续续应聘过许多工作，但都不长久。在小公司做文秘，他嫌活儿太繁琐、太单调，没有前途；大公司呢，学历不够，工作经验没有，自然没有他的位置。就这样，换工作成了他的家常便饭，却始终也没找到一个合自己心意的好工作。

时间对每一个人都是公平的。

毕业三四年的时间里，他的同学们有的升职，有的找到了更好的工作。唯独他，一份固定的工作也没有，更不用说成家立业、养家糊口了。

生活总是充满戏剧性。

有些心灰意懒的他又一次走进人才市场。当他看好了一家企业，把简历填好递给招聘人员时，不由得缩回了手。

“你们不知道，我应聘的单位居然就是我第一次上班的那家郊区企业，天底下竟有这么巧的事？我当时肠子都悔青了。”一次闲聊时，胡腾这么对我说。他后来打听才知道，就在他犹豫不决的这几年，那家企业不断发展壮大，现在已经收购了市里的配套企业，这次就是为新公司的成立而招聘优秀人才。

找来找去，毕业三四年的他还比不过刚出校门的学生，因为他至今也没积累到什么工作经验，眼高手低，使他失去了许多机会。

好在他似乎悟到了自己的毛病。

最后，他的一位朋友为他介绍了一个单位。这次，他顾不上挑三拣四了，虽然是从基础做起，但他每天打字、复印、发报纸、接电话等，丝毫也不敢懈怠，甚至还帮忙端茶倒水；有时候，还利用业余时间写写文章，有几篇竟被刊物采用。公司领导知道这件事后，觉得他文笔还不错，加之单位也正好要编内刊，于是便把他抽调到公司办公室。公司业务越做越大，他的任务也越来越重，但不管怎样，他都咬牙坚持下来，每天像个陀螺似的忙得不亦乐乎。而今他已被晋升为部门经理。

“想想自己以前，真是不应该，那么好的时间都被我荒废了，”胡腾不无遗憾地告诉我，“要不是我做什么都轻易放弃，说不定我现在也是老板级别了。”

事实上，任何成功都不是一蹴而就的，唯有脚踏实地，抛弃浮夸，在积累中升华和提高，才能立足自我，取得成就。

之于倔强的生命，坚持从来都不是问题

有一年秋季，我也赶了一次时髦，一向懒得出门的我居然也破天荒地和友人来了一次说走就走的旅行。

一直以来，我都不喜欢沙漠这样的地方，在我的印象里，沙漠就是大风起兮漫天黄沙，或让人因为缺水、暴晒口渴到窒息，这样的地方实在让人很难有什么兴趣。

不过，这次的沙漠之行却彻底颠覆了我的看法。

如果说，沙漠的雄奇壮观值得惊叹，那么在沙漠上生长的一种植物更让人心生敬畏。不，准确来说，应该是无比震撼。

那天，我们在当地向导的带领下，骑着骆驼在软软的沙漠上行走。不远处的天边，太阳明晃晃地挂在那里，远处的沙丘此起彼伏，偶尔有一两只蜥蜴从旁边的荆棘丛里爬出来，很快又消失不见……

“咦，那是什么？真像一个个大草球。”我惊讶地叫起来。

说话间，一阵风吹过，脚下的沙随风扬起，我赶紧用头纱把头紧紧地包起来。就在一瞬间，我突然看见，刚才静静躺在那里的大草球随风滚动，越滚越快，越滚越快……

“哈哈——”向导爽朗地笑起来，告诉我们，“那可不是什么‘大草球’，它的原名叫复活草，也有人叫它风滚草，但我们当地人都叫它‘沙漠玫瑰’。”

坦白说，我实在想不出眼前干巴巴的草和玫瑰那么美好的植物有什么联系。

“为什么叫它复活草？”友人也忍不住好奇，发问了。

“当我们乍一看到它时，它紧紧地盘成一个球状，在沙漠火一般灼热的风沙中，似乎随时会被点燃。它可能已经‘死’去了五年、十年、几十年或是一百年。它们就是以这种死亡的状态等待复活——此时的复活草已经严重脱水，几乎脱去体内 98% 以上的水分。”

“那它们还怎么生存啊！”我不禁惊呼起来。

“别看一棵完整复活草的重量只相当于一粒小沙石的重量，但在它的芯部，还有一星点儿也许比米粒还小的绿色，还在顽强地呼吸。”

“真是奇怪，真不知它为什么偏偏要生长在沙漠这么干旱的地方。”

“我们这里也会下雨，只不过雨水少得可怜。”向导说话的语气突然变得严肃起来，“有时候我们这里一年也见不到雨，一旦下雨，当雨点落在干燥无比的沙尘上时，复活草借着风快速滚动，等滚到积水处就立即停下来，哪怕只是一点点水，只要几分钟时间，复活草立刻像花儿一样绽放开来，所有紧紧相拥的枝叶都会伸展出去迎接雨水。造物主就是这么神奇，它们几个小时就发生了神奇的变化。由于它复活后的植株外形像一朵玫瑰，所以我们就叫它沙漠玫瑰了。”

“原来是这样。”听了向导的话，我突然对逐渐消失在我视线中的风滚草生出一丝敬佩来。茫茫沙漠，漫天风沙，得多倔强的生命才能在沙漠这样恶劣的环境中生存啊！

回到旅馆，我详细查了一下关于风滚草的资料。我很好奇，它们为什么要像“流浪汉”似的随风滚来滚去呢？以至于得了这么一个难登大雅之堂的名字。

通过查阅资料我才知道，这些草原“流浪汉”是借助滚动来传播种子的。风滚草果实开口的地方长着密密的茸毛，种子不可能一下全部都散播出去，只有在滚动中受到震动，才能掉出几粒来。滚动的时候，它的枝条便向内卷曲，使整个植物体变成球形，茎的基部在靠近地面处也变得很脆弱，经大风一吹或被动物一碰，靠近地面的茎便被折断，从而使植物体脱离根部随风滚动。

一旦遇到雨水，掉落的种子便在雨水的冲刷下落入沙中，几个小时就能萌发，在接下来的几周时间里，萌芽迅速地成长，开花、结籽……

是的，风滚草争分夺秒地完成生长的任务，因为造物主给它们的时间太少、太宝贵了，雨停后，就是无边无际、无休无止的干旱，它们要赶在死亡之前，尽自己最大的力量把种子——生命的希望留下来。

最后，风滚草在干旱的炙烤下，逐渐脱水、合拢、枯萎，变成一团死草。不用为它担心，因为它的种子或已裹藏在死草里，或已飘落在了沙漠各地。接下来，它们只需等到下一场雨水再复活过来。

这一等，或许是几天、几个月、几百天甚至一个世纪……

腾讯视频上还有一段关于风滚草生长过程的视频，画面极其打动人心。为了实现自己生长的目标，风滚草努力坚持自己，时刻准备折断。而现实生活中的我们，又有多少人能一直坚持改变自己、超越自我呢？

与它们相比，应该说我们的生存环境要好得多，遇到困难和打击，我们有坚持到柳暗花明的勇气吗？风滚草生命奇迹的背后是超强的忍耐和坚持，对一个倔强的生命而言，等待从来都不是问题。

等待寄寓着忍耐、执着与坚持。

把你的人生朝一个方向聚焦

好友木子曾问我："为什么我做事总是半途而废呢？我也知道这不是什么好习惯，但我就是改不了！"

生活中，木子的问题也许也是大多数人的问题。要我说，要想克服动摇和半途而废的坏习惯的最好办法就是——坚持。

对我们很多人来说，放弃是轻松的，但绝不是明智之举。当你认为自己的选择是正确的时候就坚持下去，在坚持中锻炼自己的意志，把握自己的能力，慢慢地，相信就会习惯成自然。

在我小时候，有一次，老家要修建新房，新房的地基都是很大块、被修整得整整齐齐的石头，我当时就想，这么大块的石头是哪里来的呢？又是谁把它们切割得这么整齐？什么样的工具能修理这么坚硬的石头呢？

忍不住就问父亲，他告诉我，石头是山里开采的，是石匠把它们打磨整齐的，修理它们的工具有锤子和凿子。除了这，父亲再说不出什么。很显然，父亲的回答并不能满足我的好奇心，当时，我好想亲眼看一次石匠是怎么敲开那么大块的石头的？那副场景在我脑海里被虚构了好多年。

后来，我终于在云南大理遇到一位石匠，有幸亲眼看到他是怎么用简单的、毫不起眼的工具敲开一块大石头的。

那天，天阴沉沉的，不时还飘起了小雨。一直以来，我都对这种烟雨蒙蒙的天气情有独钟，不管友人怎么劝阻，我都坚持出去走走。

一头扎进细雨中，我不禁深吸一口气。在大理古城的细雨中散步，心绪好像也被这透明、纤细的雨丝一遍遍涤净。我一边走一边看着复兴路两边墨瓦朱窗的房屋，里面展示着各式的银器、扎染、服饰等物品。

越往里，越觉得复兴路两侧街巷幽深。也不知是不是天气不好的缘故，街上行人稀少，显得有些冷清。

“叮——叮——叮”

突然，从我路过的街道边传来一种异常清脆的声音。闲来无事，在好奇心的驱使下，我循声找去。不多久，我便发现，声音是从一家开着门的院子里传来的。院子里横七竖八地躺着各种石头，还有一些加工好的美人鱼、熊猫等石头制品。

院子里，一位青年石匠心无旁骛地专注于手中的工作，对我的到来并没有在意。

我看到，在他面前是一块堪称院子里最大的石头，他双目紧紧注视着它，用手中的一把小铁锤不紧不慢地敲着凿子。声音就是这样发出来的。

看得出来，这块大石头顽固得很。

当他举起锤子重重地敲下第一下时，除了清脆的一声响，没有一块碎片掉下来，甚至连一丝凿痕都没有。可是他好像对此并不介意，只是面无表情地继续举起锤子一下一下地敲，一下、十下、一百下……

大石头应该极其坚硬吧！要不怎么没有出现任何裂痕呢？我暗自猜测。

青年石匠并没有懈怠，继续举起锤子重重地敲下去。

“你这样折腾这块大石头是要干什么呢？”也顾不上是不是唐突了，我忍不住问道。

“我要用它做一把古琴，这是最好的石料。”对我的到来，他好像并不在意，头都不抬便回答了我。

“那得要多长时间啊？石头好像很硬呢！你看，半天了，一点成效都没有。”我在一旁密切注视着。

“要不怎么是最好的石料呢？”石匠好像很满意眼前这块石头，回答说，“虽然没有成效，但并不表示没有进展啊！只要我坚持，它总会被我敲开的。”

很快，他又朝着大石头的另一个地方敲，一锤又一锤，也不知道是敲到第一百下还是第二百下，或者是第一千零几下，他始终保持相同的动作。说实话，站了半天，我腿都麻了，干脆就在一块加工好的石凳上坐下来，我真不相信，就凭他手中简单的工具能把眼前这么大块石头凿开。

“崩——”

突然，一块碎片被敲了下来；很快，石头有了明显的裂缝。随着他持续不断地动作，石头的裂缝越变越大，越来越深。

“咚——”

“呀！终于敲开啦！”

青年石匠原本面无表情的脸变得笑容满面。这笑容是对半天辛苦工作的犒赏还是征服石头的成就感呢？我想，或许都有吧！

就在我眼前，偌大的石头真的裂成了两半，慢慢地、慢慢地倒在冰冷的地面上，好像心不甘情不愿。

回忆刚才的场景，难道说是他最后那一击，使得这块石头裂开的吗？显然不是，这是他一而再、再而三地敲击的结果。

虽然这件不起眼的小事过去了很久，但是那位石匠敲石头的场景在我脑海里历久弥新。不仅因为他圆了我小时候的梦，更让我明白了，只要坚持不懈，朝一个方向聚焦，即使是石头也能被攻破。

无论做任何事，坚持所起的作用都是决定性的。一个人做事没有毅力就会半途而废，其实，只要再多花一点力，再多坚持一些时间，前面已经花下大功夫争取的东西就会得到。

记得英国诗人威廉古柏的一句话："即使是黑暗的日子，能挨到天明，也会重见曙光。"

让明天的你可以庆幸自己当年的坚持

相信很多人都和我有一样的感觉，随着年龄增长，阅历增多，年幼时的梦想在现实面前变得越来越不那么具体，不再有一如既往的闯劲儿。

曾经的我也是北漂一族。

刚到北京时，我也住过只有几平方米的阴暗潮湿的地下室；为了省钱，有时候公交车都舍不得乘坐，硬是顶着大雪，冒着寒风走好远好远的路去单位上班；吃不起盒饭，就去路边买几袋方便面；为了让老家的父母放心，还说自己在北京过得有多么多么舒服……

一次，我饥肠辘辘地走在大望路上，路边有一个大爷在卖烤地瓜。烤地瓜在我们家乡不过是寻常之物，但在这里，我却舍不得掏钱去买一个温暖的地瓜犒劳一下被冻得冷冰冰的自己。闻着地瓜的香味，看着地瓜诱人的色泽，我的眼泪夺眶而出。那一刻，所有的雄心壮志都不复存在，我没有赌咒发誓说要在北京混出个人样来，而是只想着赶紧逃离北京，回到家乡。

我闯北京的梦想在毫不起眼的地瓜面前坍塌一地。

“小伙子，心态要好哦！上大学不就是为了出来能有个好工作嘛！无论遇到什么情况，都要坚持，坚持啊！”回到出租屋，房东大嫂看出我有心回老家，这么对我说。

是啊！为什么不坚持坚持呢？

从此，我比平时更加努力，遇到事情更愿意坚持，哪怕只是坚持留在这座无数人梦想的城市。当然，现在的我也没有功成名就，但我在这里有了属于自己的家，自己的一份事业，有相亲相爱的家人……

我很庆幸，当年的坚持。

时间如虫子般蠕动，慢慢向前。岁月虽无声，却用它自己的方式让我明白：即便追逐梦想的道路充满坎坷与曲折，但是总有一群人像傻瓜似的坚持前行。

刘艳就是其中一位。

大学一毕业，她便揣着家人给的1300元，背着一把有点破的吉他离开四川老家，千里迢迢来到北京追逐音乐梦想。那一年，她23岁。

她告诉我，刚到北京时，没有人可以依靠，她只好住在20元一天的地下室，每天翻看报纸上招聘歌手的信息，看看是不是可以找到承载音乐梦想的饭碗。可每次满怀希望地去应聘，几乎都以失败而告终。有一次，好不容易找到了一个公演机会却被人骗了。在交了身上仅有的800元钱后，骗子就再也没有出现过。

“幸亏是夏天，要是冬天，就北京这气候，我肯定早冻死了。”她半开玩笑半认真地说，“你不知道，那段时间我迷茫到想自杀。”

后来，实在没有办法了，她只好拉下面子，背着吉他，开始在人来人往的地下通道当流浪歌手。有时候，唱着唱着就泪流满面。一天，她的歌声打动了北京后海一家有名酒吧的老板，第二天就去了酒吧当驻唱歌手，每天晚上两场。

有了工作，就有了收入，虽然微薄，但住地下室是没问题了。两场下来，经常是夜里三四点才能回到住处。

就在工作的那间酒吧里，她和同样热爱音乐的同事组建了一支乐队，并取名为梦之翼。很不幸，乐队成立后并不受欢迎，还因为同事和客人打架，赔偿了一大笔钱。没过多久，迫于经济等各方面的压力，乐队只好宣布解散。

“我当时准备放弃了，觉得音乐这一行并不适合我。”刘艳回忆起那一段时光，仍然悲观。

“但你一定不甘心。”

“是，我不甘心就这么放弃。”刘艳话锋一转，“我要坚持梦想，重新开始。我厚着脸皮向父母又要了几千元钱，我从零开始学习音乐，录音、作曲、电脑音乐制作，只要和音乐有关的我都学一遍。我发誓，总有一天，借的钱我要成百上千倍还他们。”

是啊！再牛的梦想也抵不住傻瓜似的坚持。如今的刘艳已经是小有名气的网络歌手，并创作出很多青春题材的音乐。

刘艳最喜欢《我相信》中的歌词：

“我相信我就是我，我相信明天。

我相信青春没有地平线，

在日落的海边，在热闹的大街，

都是我心中最美的乐园。

我相信自由自在，我相信希望，

我相信伸手就能碰到天

……”

面对梦想，有人也曾经茫然、迷失过，但是应该懂得，扼杀梦想的只有退却的自己。

要相信，只要坚持不懈，敢于追逐，不断超越自己，终有一天，梦想就会照进现实。因为，再伟大的梦想也抵不过傻瓜似的坚持，坚持到最后一定会是真正的赢家。

唯有坚持，才能完成人生的跨越，成就明天的美好

单位的同事小李，年近 30，身高 165cm，体重 173 斤。说实话，每次我们看到他大腹便便的样子，就忍不住想笑。

但就是这样一位名副其实的胖子，居然因为一场马拉松，成功卸掉了他身上攒了近十年的肉。

当时，小李抱着试一试的心态报名北马，本不抱任何希望的他没想到真的成功报上名了，这让他喜出望外。众所周知，北京马拉松历史悠久，报名难度也是相当大的，有了参赛资格，自然要努力一番。为了顺利参赛，小李就开始各种运动。

首先，他先在单位附近找了一家健身房，办了健身卡，每天一下班就先到健身房运动两个小时；晚饭不吃米饭、甜食，每一餐都考虑卡路里。这还不算，每周放假他都沿着京杭大运河跑步，每次不完成 20 公里绝不罢休。当然，为了达到减肥的目的，他更没忘记改变上班的交通方式，十几站的路他硬是步行上班，风雨

无阻……

4 个月后，小李以 135 斤的体重，用时近 5 个小时跑完了北马。

事后，我们曾问他：“那么远的距离你是怎么坚持下来的啊？”

“是啊！快给我们说说，你当时什么感觉啊！你这减肥经历可太励志了。”

“除了大腿有些抽筋，别的都还好。”小李憨厚地笑笑，“接近 30 公里计时点的时候，我的大腿就抽筋了，当时我真想上一直跟着的收容车，但是我觉得这时候放弃未免太可惜了，我当时最大的心愿就是，一定要坚持完成这次比赛，就算是爬，我也一定要爬到终点。我就这样走走跑跑，熬完了比赛。”

听完他的话，我们不约而同地竖起了大拇指。

为了保持好不容易瘦下来的身材，小李现在依然保持健身的好习惯。

除了跑马拉松，小李还经常参加很多户外徒步活动。他还有一个宏愿要实现：骑单车到石家庄去看一场篮球友谊赛。

他对我们说：“运动，已经慢慢变成了我生活里很重要的一部分。我原以为自己做不到，但只要你坚持下来，就会发现真的没那么难。”

可不是吗？好的习惯需要坚持，好的身材更需要坚持。沉下气来，不急于求成，努力去坚持，量变达到一定程度就会产生质变。法国画家安格尔说：“所有坚韧不拔的努力迟早都会得到报酬。”

我身边也有一部分人，尤其是女性朋友，有事没事总是说：

哎呀，我又长胖了，看我的身体已经到了自带游泳圈的地步啦！

吃完这一顿再减肥也不迟。

反正都已经胖了，再吃多一点应该没影响吧？

我可忍受不了减肥，那太痛苦了，美食当前，我一点抵抗力都没有。健身也太累了。

……

说这些话的人，体重依然蹭蹭上涨。从小李身上我们应该明白，在成功还没有到来的时候，不要轻言放弃。认定一个对的方向，就要奋不顾身地坚持下去。

这让我不禁想到，1993 年诺贝尔和平奖得主、南非首任黑人总统曼德拉，他一生坚持反对种族隔离，致力于推进黑人解放，哪怕忍受牢狱之灾长达 27 年；深深影响了 20 世纪艺术的后印象主义先驱梵·高坚持绘画几近疯狂，即使穷困潦倒，生计都要完全依靠弟弟，即使生前只卖出一幅画……

对我们大多数人来说，放弃是轻松容易的，但绝不是明智之举。当你认为自己选择得对时就坚持下去，在坚持中锻炼自己的意志，把握自己的能力，才能一步步走向成功。

可以说，坚持是克服动摇和半途而废坏习惯的最好办法。坚持不懈就是给自己鼓励、加油，可以让我们更有力量向着目标冲刺。

唯有坚持，方能完成人生的跨越；唯有坚持，方能享受更精彩的人生。